新光传媒◎编译

Eaglemoss出版公司◎出品

# FIND OUT MORE

## 植物的多样性

石油工业出版社

**图书在版编目（CIP）数据**

植物的多样性 / 新光传媒编译. —北京：石油工业
出版社，2020.3
　（发现之旅. 动植物篇）
　ISBN 978-7-5183-3199-4

　Ⅰ．①植… Ⅱ．①新… Ⅲ．①植物－普及读物 Ⅳ.
①Q94-49

　中国版本图书馆CIP数据核字（2019）第072713号

**发现之旅：植物的多样性**（动植物篇）

新光传媒　编译

出版发行：石油工业出版社
　　　　　（北京安定门外安华里 2 区 1 号楼　100011）
网　　　址：www.petropub.com
编 辑 部：（010）64523783
图书营销中心：（010）64523633
经　　　销：全国新华书店
印　　　刷：北京中石油彩色印刷有限责任公司
2020 年 3 月第 1 版　2020 年 3 月第 1 次印刷
889×1194 毫米　开本：1/16　印张：7.75
字　　数：100 千字
定　　价：32.80 元
（如出现印装质量问题，我社图书营销中心负责调换）

**版权所有，翻印必究**

# 编辑说明

　　"发现之旅"系列图书是我社从英国 Eaglemoss（艺格莫斯）出版公司引进的一套风靡全球的家庭趣味图解百科读物，由新光传媒编译。这套图书图片丰富、文字简洁、设计独特，适合 8 ~ 14 岁读者阅读，也适合家庭亲子阅读和分享。

　　英国 Eaglemoss 出版公司是全球非常重要的分辑读物出版公司之一。目前，它在全球 35 个国家和地区出版、发行分辑读物。新光传媒作为中国出版市场积极的探索者和实践者，通过十余年的努力，成为"分辑读物"这一特殊出版门类在中国非常早、非常成功的实践者，并与全球非常强势的分辑读物出版公司 DeAgostini（迪亚哥）、Hachette（阿谢特）、Eaglemoss 等形成战略合作，在分辑读物的引进和转化、数字媒体的编辑和制作、出版衍生品的集成和销售等方面，进行了大量的摸索和创新。

　　《发现之旅》（FIND OUT MORE）分辑读物以"牛津少年儿童百科"为基准，增加大量的图片和趣味知识，是欧美孩子必选科普书，每 5 年更新一次，内含近 10000 幅图片，欧美销售 30 年。

　　"发现之旅"系列图书是新光传媒对 Eaglemoss 最重要的分辑读物 FIND OUT MORE 进行分类整理、重新编排体例形成的一套青少年百科读物，涉及科学技术、应用等的历史更迭等诸多内容。全书约 450 万字，超过 5000 页，以历史篇、文学·艺术篇、人文·地理篇、现代技术篇、动植物篇、科学篇、人体篇等七大板块，向读者展示了丰富多彩的自然、社会、艺术世界，同时介绍了大量贴近现实生活的科普知识。

　　　　发现之旅（历史篇）：共 8 册，包括《发现之旅：世界古代简史》《发现之旅：世界中世纪简史》《发现之旅：世界近代简史》《发现之旅：世界现代简史》《发现之旅：世界科技简史》《发现之旅：中国古代经济与文化发展简史》《发现之旅：中国古代科技与建筑简史》《发现之旅：中国简史》，主要介绍从古至今那些令人着迷的人物和事件。

**发现之旅（文学·艺术篇）**：共 5 册，包括《发现之旅：电影与表演艺术》《发现之旅：音乐与舞蹈》《发现之旅：风俗与文物》《发现之旅：艺术》《发现之旅：语言与文学》，主要介绍全世界多种多样的文学、美术、音乐、影视、戏剧等艺术作品及其历史等，为读者提供了了解多种文化的机会。

　　**发现之旅（人文·地理篇）**：共 7 册，包括《发现之旅：西欧和南欧》《发现之旅：北欧、东欧和中欧》《发现之旅：北美洲与南极洲》《发现之旅：南美洲与大洋洲》《发现之旅：东亚和东南亚》《发现之旅：南亚、中亚和西亚》《发现之旅：非洲》，通过地图、照片和事实档案等，逐一介绍各个国家和地区，让读者了解它们的地理位置、风土人情、文化特色等。

　　**发现之旅（现代技术篇）**：共 4 册，包括《发现之旅：电子设备与建筑工程》《发现之旅：复杂的机械》《发现之旅：交通工具》《发现之旅：军事装备与计算机》，主要解答关于现代技术的有趣问题，比如机械、建筑设备、计算机技术、军事技术等。

　　**发现之旅（动植物篇）**：共 11 册，包括《发现之旅：哺乳动物》《发现之旅：动物的多样性》《发现之旅：不同环境中的野生动植物》《发现之旅：动物的行为》《发现之旅：动物的身体》《发现之旅：植物的多样性》《发现之旅：生物的进化》等，主要介绍世界上各种各样的生物，告诉我们地球上不同物种的生存与繁殖特性等。

　　**发现之旅（科学篇）**：共 6 册，包括《发现之旅：地质与地理》《发现之旅：天文学》《发现之旅：化学变变变》《发现之旅：原料与材料》《发现之旅：物理的世界》《发现之旅：自然与环境》，主要介绍物理学、化学、地质学等的规律及应用。

　　**发现之旅（人体篇）**：共 4 册，包括《发现之旅：我们的健康》《发现之旅：人体的结构与功能》《发现之旅：体育与竞技》《发现之旅：休闲与运动》，主要介绍人的身体结构与功能、健康以及与人体有关的体育、竞技、休闲运动等。

　　"发现之旅"系列并不是一套工具书，而是孩子们的课外读物，其知识体系有很强的科学性和趣味性。孩子们可根据自己的兴趣选读某一类别，进行连续性阅读和扩展性阅读，伴随着孩子们日常生活中的兴趣点变化，很容易就能把整套书读完。

# 目录 CONTENTS

# 藻类植物

黏黏的红色、绿色和褐色的海藻，附着在世界各地的岩石海岸线上，它们是各种各样的藻类植物，与那些在鱼缸的玻璃上形成的绿色浮渣，以及在北美洲和中美洲的海岸边使鱼儿中毒的"红潮"一样。

在全世界大约分布着 2.7 万种藻类植物，它们大小各异，形状各别——从积水池里丛生在一起形成浮渣层的单细胞藻类植物，到固着在海床上、顶冠漂浮着、能够长到 65 米高，像塔一样的巨藻组成的美丽的海藻林。

## 没有维管系统的藻类植物

在真正的植物中，藻类植物是最简单的一种。和所有的植物一样，它们也是利用细胞中的叶绿素来捕获阳光，并通过光合作用制造养料。但是与更高等的植物（如树和灌木）不同，它们没有维管（管道）系统在内部组织之间输送水分和原料。藻类植物是通过它们的表面细胞，来吸收所有自己需要的原料。这限制了它们的厚度，迫使较大的藻类植物，如海藻，长得像一层薄薄的纸，或者像细丝一样。

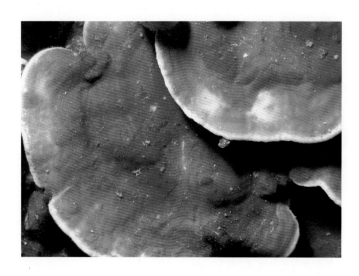

◀ 这些粉红色的"牛排"实际上是来自马尔代夫的温暖的热带水域中的珊瑚藻。它们这鲜艳的色彩实际上是来自于细胞中的藻红蛋白和藻青蛋白。

## 藻类植物的分类

在传统意义上，藻类植物是根据它们的颜色、结构和储存养料的方式来分类的。许多微型藻类植物都是单细胞植物，它们主要有四种：蓝绿藻（蓝藻门）、硅藻（金藻门）、双鞭毛藻（甲藻门）、裸藻（裸藻门）。较大的、肉眼可以看见的藻类植物，根据它们的颜色分成三类：绿藻（隶绿藻门）、红藻（红藻门）、褐藻（隶褐藻门）。

## 水域外的藻类植物

大多数的藻类植物都生活在淡水或者咸水（海水）中。最容易被发现的藻类植物，是附着在受荫蔽的海岸边岩石上的海藻，或者覆盖在溪流和江河中岩石上滑溜溜的绿藻。不过，藻类植物并不仅仅生活在水域中。只要能够及时获得水分和养料，它们也能在许多罕见的地方生存。例如，一种名叫"肋球藻"的绿藻，在许多树干上旺盛地生长着。

▲ 在山毛榉树皮的裂缝之间生长的这种像尘埃一样的绿色藻类植物，是一种被称为"肋球藻"的单细胞藻类植物。许多植物学家相信，今天的植物都是从生命形式相似的绿色藻类植物进化而来的。

◀ 这株死亡的珊瑚藻看上去更像圣诞节的装饰品，而不像一株红色海藻。它那白色的、像骨骼一样的结构是由于碳酸钙的原因生成的。碳酸钙是它们从海水中吸收的，并以方解石的形式进入了它们的细胞之中。

## 岩石海岸线

在岩石海岸线上，海藻会生长在海滩的特定区域内。那些能够抵抗干旱（干燥）的海藻生活在高潮线附近。在它们下面，生长着红藻和绿藻，比如角叉菜和海白菜。在更低的地方，生长着喜水的巨藻。

8. 在温带地区的海岸上，鹿角菜随处可见。

平均高潮点

9. 齿状海藻的叶脉体上有明显的中脉，边缘呈锯齿状。许多海藻能长到 60 厘米长。

平均低潮点

1. 完全成熟后，海藻那皱皱的叶状体能长到 2.5 米长。

最低位置

2. 掌状海带那像扇子一样的叶状体，随着落潮和潮汐的流动，直立地摇摆着。

7. 海白菜鲜绿色的叶状体在潮间带中很常见。

6. 在高潮区，墨角藻中的气囊使它的叶状体能够漂浮在水面附近。

最高位置

5. 大型泡叶藻生长在中潮区和高潮区之间受荫蔽的地方。

3. 绿色海藻——羽藻是一种小型的、美丽的藻类植物，生长在池塘、溪谷，以及低潮线下。

4. 极北海带粗糙的柄为许多红色海藻提供了有力的固着之处。

◀ 炎热的夏季里，在这个浅湖的下层，可能会由于细菌对有机物质的分解，而使氧气耗竭。这种"富营养化"，通常会促使绿藻在湖面上迅速繁殖，从而使当地的野生物在湖中觅食变得困难。

它依靠栖居之地的湿气或者降雨来获得水分，靠鸟粪或者树液来获得营养。还有一种藻类植物，生活在南极洲的雪原中，靠融化的雪水和尘埃颗粒中的营养物质生存。为了适应极度严寒的冬季，这种藻类具有抗冻能力，而在夏季里，它们细胞中的红色素就像黑色物质的洗剂一样，能够将紫外线使体内产生的有害物质过滤出去。

有些藻类植物甚至与植物和动物具有共生关系。单细胞的藻类植物被封闭着，生活在能保护它们的真菌中，并形成了地衣。蓝绿藻生活在树懒的皮毛上，为这种行动迟缓的树栖动物提供了一层绿色伪装。还有许多其他的微型藻类植物，与水母、珊瑚虫、海蚌、海参共生在一起。

## 繁殖的"红潮"

大多数的单细胞藻类植物都会进行无性繁殖，它们通过细胞分裂，将每一个细胞都分裂成两半，从而复制出两个个体。在十几年前，一些双鞭毛藻在美洲海岸线周围的海域中大量繁殖。它们的数量急剧增加，以至于这些微型藻类植物使海水都变成了红色、橙色，或者褐色，从而制造出"红潮"。一般来说，像这样大量的浮游生物，是处于食物链高端的动物们的盛宴。可是，许多"红潮"产生的毒素却对鱼类、甲壳类动物，甚至人类有害。海藻的繁殖周期随着它们结构的不同而不同。海藻可以进行裂殖，即植物体的一部分脱离出来并生长成一株新的植物；它们还可以通过孢子进行无性繁殖，孢子能够生长成新植株；它们还能通过配子（性细胞）的接合进行有性繁殖。此外，它们也能结合上述几种方式进行繁殖，这被称为世代交替，在这种繁殖方式中，它们既要进行无性繁殖，也要进行有性繁殖，才能完成一次生命循环。

# 海里的植物

在马尾藻海（位于北大西洋西印度群岛和亚速尔之间的部分海域）中，在开阔的海面上漂浮着橄榄色和金色的马尾藻，它们利用圆圆的、充满空气的气囊为自己提供浮力。由于这片海域相对平静，因此，藻类植物在海面上形成了一片茂密的、不停地晃荡的"草地"，里面生活着各种各样的海洋生物，从细小的无脊椎动物，到飞鱼和鳗鲡。

在世界上的其他地方，海藻必须适应海上的飓风浪和汹涌的潮流。为了防止自己被风暴和海浪"扔"来"扔"去，大多数海藻会利用像根一样的"地基"，把自己牢牢地"夹"在固体物上。然后，它们再伸出茎（柄），随后伸出像叶一样的结构，被称为叶状体。

## 海藻的繁殖

海藻的生殖窠中会产生雄性细胞和雌性细胞，它们在海藻的叶状体上，以小坑或小斑的形式出现。在一些种类中，它们位于单独的雄性或者雌性植株上；而在另一些种类中，比如图中这种螺旋形海藻，雄性和雌性的配子都生长在同一个生殖窠中。

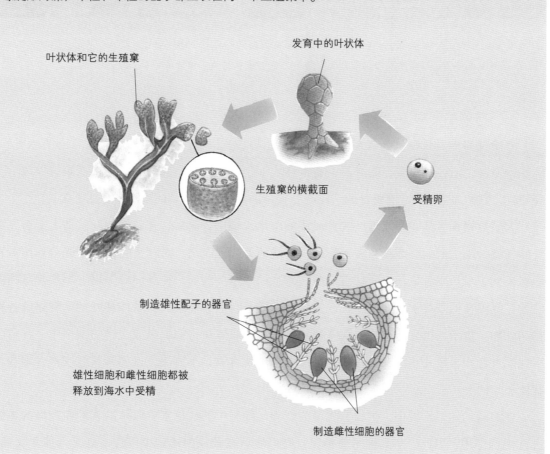

叶状体和它的生殖窠

发育中的叶状体

生殖窠的横截面

受精卵

制造雄性配子的器官

雄性细胞和雌性细胞都被释放到海水中受精

制造雌性细胞的器官

▲ 在海岸和被遮挡住的岩石海岸线的浅水域中，海藻疯狂地生长着。每一种海藻都有自己的生态环境，不管它们是躲藏在低潮线下，还是勇敢地生长在海岸上，红色、绿色和褐色的海藻都喜欢海滩。

　　海藻茂盛地生长在世界各地的岩石海岸和浅海中。每一种海藻都适应了自己的栖居环境。例如，那些生活在海岸线上的海藻，通常会从细胞壁中分泌出黏液，防止在低潮时被风干。在高潮时，它们那粗糙的、有弹性的"皮肤"会帮助叶状体在波动的海水中存活下来。

　　大多数褐藻生活在海滩低处或者浅浅的海岸水域中。通常，在它们的叶状体上，有充满空气的气囊，使它们能够漂浮在海面附近，这些地方阳光充足，有利于它们进行光合作用。它们能够长到 1 米长或者更长，而且它们喜欢冰冷的海水。例如，在英国海岸附近那些被遮挡的海湾处，巨藻在低潮线下茂盛地生长，像森林一样。它们那摇摆的叶状体和叶柄，支撑着各种植物和动物。虫子、甲壳类动物、软体动物、海葵都躲藏在它们那纵横交错的支根中，将自己牢牢地固着起来。鱼儿在摇摆的叶状体中巡游，寻找食物；小海藻，比如掌状红皮藻，附着在叶状体和叶柄上。

　　在温暖的热带水域中，生长着大量的红藻。细胞中的红色素可以帮助它们在黯淡的光线下进行光合作用，因此，与其他海藻相比，它们生活在较深的水域中。许多红藻形成了美丽的、

## 大开眼界

### 来自海里的"钱"

在美国、日本和英国的海岸边，通常长有大量的海藻。这些非同寻常的经济作物非常有价值，因为在它们的细胞壁中，人们发现了又稠又黏的多聚糖。人们采集红色海藻，比如石花菜和红藻，并从中提取多聚糖琼脂和角叉胶，这两种物质都可以用作食品添加剂。人们采集褐色海藻，比如翅藻，并用它们含有的褐藻胶来生产冰激凌。

▲ 在适宜的水域中，巨藻能长到65米高。它们彼此在一起，既不会太稀疏，也不会太拥挤。巨藻会随季节而变化。冬天，新叶状体会在老叶状体下生长出来，然后在春天，老叶状体会被潮水冲走。

像珊瑚一样的结构，尤其是珊瑚藻，它们体内充满了从海水中吸收的碳酸钙。

## 海味沙拉

几个世纪以来，生活在海岸边的人们把海藻当食物或动物饲料进行采集。在爱尔兰地区，人们将角叉菜（一种红藻）和牛奶一起烹饪，制成一种牛奶冻；在南威尔士地区，人们用紫菜来制作面包；在日本，海藻还被用来制成传统美食，如紫菜寿司。

# 菌类植物

地球上大约生长着 10 万种已知的菌类植物。它们刺激着我们的味蕾，摧毁了我们的庄稼；它们会导致疾病，也能治愈疾病。从单细胞的酵母到生长在森林地被上的大型真菌，菌类植物的形状和大小千差万别。

从英式早餐中的开胃食品到酥皮馅饼，可食用的蘑菇是真菌界多种多样的生物体中最常见、最美味的，常常也是最好看的。还有一些不那么吸引人的真菌，包括讨厌的霉菌和腐生菌。例如，会导致脚癣的霉菌和潮湿浴帘上的霉菌。

大多数真菌的细胞都被含有几丁质（在昆虫的外骨骼中发现的一种物质）的细胞壁包裹着。在潮湿的森林地被物上处处萌发的伞菌，是由一团排列紧密的细胞组成的。但是这种奇怪的结

▲ 图中的这堆捕蝇菌向我们展示了不同的生长历程。年轻的子实体包裹在蛋形的囊，即外菌幕里发育。等到它长高以后，就会冲破外菌幕。菌帽则会逐渐张开并展平，菌帽上有时会带有外菌幕残留物的颗粒。

构只是整个菌体的一小部分。伸出地面的部分是伞菌的子实体（孢子果），子实体中含有孢子，这些孢子最终会被风吹到很远的地方。在神秘的具有繁殖功能的菌柄下面，生长着一大片由线状细丝（称为菌丝）组成的网状物，用肉眼通常是看不见的。菌丝构成了一种杂乱的结构，叫作菌丝体。菌丝体是蘑菇的主要部分，也是营养器官。

菌丝体的网状结构通常在土地、树木或其他物质间蔓延，通常肉眼看不见它们，但偶尔也能看见。例如，蜜环菌也被称为鞋带菌，因为人们可以在被这种寄生菌感染了的树皮下，看见它们那粗粗的、像根一样的黑色菌丝。蜜环菌也被发现于植物的根部或土壤中，它们在土壤里延伸很长的距离，寻找新的可供侵染的树木。

# 野生真菌的分类

真菌科过去分为四个门，分别是藻菌门、子囊菌门、担子菌门以及一个形态上类似的门——半知菌门（不完美的真菌）。半知菌门由一群混杂的真菌组成，它们在某些方面彼此相似，但是人们暂时还没有发现它们存在有性生殖阶段。

藻菌大多是生活在土壤里，以腐烂的动植物尸体为生的腐生生物（分解者），也有些是植物和动物身上的寄生生物。生长在面包上的黑色霉菌——黑根霉是藻菌的常见代表。

半知菌中包括青霉菌。人们出于商业目的而培养青霉菌，用来制造抗生素盘尼西林（青霉

## 大开眼界

### 神圣的蘑菇

在全世界的菜单上，有许多种蘑菇，从廉价却美味的野蘑菇，到昂贵而精致的佩里戈尔块菌。然而，有一些真菌却含有毒枝菌素，美食家和偶尔食用真菌的人都必须不惜任何代价避开它们。毒性最强的菌类有"死亡菌帽"和"毁灭天使"，人们一旦吃下它们，就会极其痛苦地死去。一些家中常见的霉菌也能导致出血、肝脏损害和癌症。

还有许多蘑菇，如捕蝇菌，含有能让人迷醉并产生幻觉的化学物质。有着强烈致幻作用的锥盖伞属和裸盖菇属蘑菇（阿兹特克人的"神圣的蘑菇"），至今仍然被中美洲的印第安人用来在宗教仪式中制造迷睡状态。

▲ 黄皮菌属于真菌的一个主要种类（子囊菌类）。子囊菌还包括许多霉菌、酵母、块菌和盘菌等。子囊菌在袋状的子囊中产生孢子。黄皮菌在杯子状的内壁上携带孢子。

素）。导致脚癣的絮状表皮藓菌是这个群体中的另一种真菌。

担子菌是主要的真菌种类之一。许多常见的蘑菇都属于这一类。它们通常有着大大的孢子果，由一个被称为菌柄的中央支杆和一个伞形菌帽组成。担子菌有好几种类型。伞菌是一个庞大而重要的真菌群体，包括野蘑菇、伞形蘑菇、红菇、蜡帽、蓝紫洋菇、有毒的"死亡菌帽"和"毁灭天使"等。菌帽下面有无数呈放射状排列的菌褶。牛肝菌，比如美味牛肝菌、桦木牛肝菌和撒旦牛肝菌，外形和伞菌相似，但是它们的菌帽下面没有菌褶，而是长着成千上万的管状物，使它们具有了海绵般的质地。刺猬菌（猴头菇）的菌柄支撑着菌帽，菌帽下垂挂着菌刺。一些其他的种类，像齿菌，也长有类似的菌刺结构。有些长有菌帽和菌柄，有些是从树上长出来的。檐状菌，如桦木多孔菌、"森林女王的马鞍"、磨刀皮带菌和林地上的鸡菌，都没有明显的菌柄，但是它们都属于同一个群体，都在菌体下面的孔中携带着孢子。

◀ 林地上这簇美丽的淡紫色生物是珊瑚菌，它形成了一簇茂密的分枝的丛生植物，有 1～6 厘米高。珊瑚菌属于担子菌类，虽然它们并不具备典型的菌褶结构，但是它们在棒状的籽实体表面上携带着孢子。

## 霉菌的繁殖

许多家中常见的霉菌，如毛菌霉，既可以进行有性生殖，也可以进行无性生殖。真菌细胞通常含有单倍体细胞核。在有性生殖中，两种有遗传学差异的配对类型的菌丝会互相接触，并进行细胞核融合，形成双倍体接合子。然后再发生减数分裂，形成单倍体孢子。

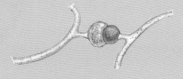

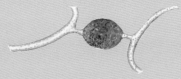

**菌丝接合点**
在菌丝体释放出来的化学物质的吸引下，具有遗传学差异的配对类型的相容菌丝会朝着对方生长。

**成倍膨胀**
一发生接触，接合的菌丝的尖端就开始膨胀。

**配对时刻**
两种菌丝的尖端融合在一起，形成接合子。接合体开始发育，在接合子的周围形成了厚厚的保护层。

## 壮观的黏菌

　　黏菌并不是真正的真菌，而是一种奇怪的生物体，它有两个非常明显的生长阶段。在第一个阶段（原生质体阶段）中，典型的黏菌原生质体会在爬过腐烂的木头表面、松针或者潮湿的树叶的同时进食，像一只大变形虫一样。有些种类的黏菌，如发网菌，会躲藏在腐烂的木头里度过自己的原生质体阶段。在第二个阶段（生殖阶段）中，黏菌停止运动，形成球形的小团，并发育成含有孢子的彩色菌体，被称为孢子囊（如图所示）。孢子囊发育成熟，被一阵风吹破后，就会释放出孢子。

**休眠期**
坚韧的接合孢子可能好几个月处于休眠状态，在干燥和极端的温度环境中生存下来。

**高耸的孢子球**
接合孢子发育，长出气生菌丝，气生菌丝尖端长有容纳孢子的容器（孢子囊）。孢子可以被释放出去并发育成新的菌丝。

开裂的孢子囊　　　　孢子
发育中的孢子囊　　　　成熟的孢子囊

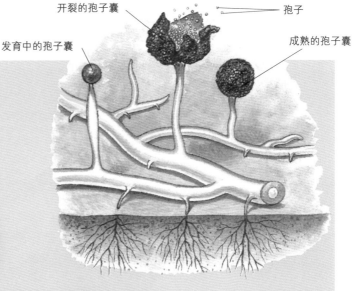

**无性生殖**
毛菌霉和许多其他普通的家中常见的霉菌一样，可以通过产生孢子囊来进行无性生殖。这些球状孢子囊长在气生菌丝的尖端，气生菌丝是从菌丝体上长出来的。发育成熟后，孢子囊的外壁就会破裂，把孢子释放出去。

子囊菌是一个庞大的真菌群体，大约有 3 万种。子囊菌包括绝大多数的酵母菌、粉状的霉菌、大多数能使食物变质的多彩的霉菌、像猩红色的侏儒盘菌和耳菌这样的盘菌，以及美味的羊肚菌和生长在地下的块菌。它们被称为子囊菌是因为它们的孢子生长在棒状的小囊，即子囊里。一个子囊大约含有 8 个孢子。子囊菌的孢子并不是从一定高度降落到气流中，而是爆炸性地射向空中。

子囊菌门可以分为好几个群体。盘菌，如黄皮菌和鸟巢菌，在它们杯状或盘状的菌体内壁上携带着孢子。半子囊菌，或称瓶状菌，在嵌入子实体"果肉"里的微小瓶状结构中携带着子囊。一种被称为"死尸的手指"的果囊菌，生长在山毛榉树桩上，它那长达 8 厘米的棒状子实体很像布满皱纹的黑色手指。

## 真菌的生活环境

真菌在黑暗、潮湿的环境中生长得最好，但是只要在能获得有机物的地方，就能发现它们的踪迹。腐烂的植物、过熟的水果以及潮湿的树叶，都是霉菌可能生长的地方，甚至冷冻的食物也常遭受真菌的侵害，这些真菌能在不同的温度下生长繁殖。

牧场、草场、荒地和沼泽地通常是采蘑菇的好地点，沙丘和肥堆上也会长出蘑菇来。但是森林中的蘑菇资源最为丰富，大约 80% 的真菌都和树木生长在一起。很多真菌和树木及树根有

◀ 这种湿润可口的美味牛肝菌冲破落叶层，钻了出来。美味牛肝菌是牛肝菌属的一种真菌，它们的菌帽下面是一种海绵形态，而不是菌褶。孢子在构成这种海绵结构的小管中产生。

着共生关系。这种关系通常是互惠的，双方都能从中获益。真菌的菌丝体和植物的根的共生互惠体被称为菌根。大多数森林树木都有菌根。有些真菌只生长在特殊的树种上，也有些真菌能与许多不同的树木共生。例如，橙色桦木牛肝菌与桦树共生，橙色牛肝菌与白杨共生，而鸡油菌则可与桦树、松树、橡树甚至山毛榉共生。

## 真菌的食物

和大多数植物不同，菌类植物没有叶绿素细胞，所以不能像绿色植物一样利用阳光、水和空气为自己制造食物，而是以活着的、死亡的或者腐烂的动植物的机体组织为食。它们的菌丝在食物，比如树干、枯叶或动物尸体上蔓延，它们分解这些食物，从中获得营养物质。在菌类的生长过程中也需要水，所需的水分来自空气以及它们食用的有机物质。

真菌能够分泌酶，并使酶作用于活着的或死亡的有机体，再通过细胞壁和细胞膜把这些经过预先消化的有机小分子吸收进体内。一些真菌是寄生菌，直接以活着的动植物为生。这些真菌会缓慢却必然地消耗掉寄主的生命，它们的菌丝会深入延伸到寄主的活组织里。腐生真菌会消化掉植物腐烂后剩下的有机物。这些真菌在大自然的废物分解系统中起着重要作用，它们会分解掉大堆的垃圾，来获取里面的营养物质。

## 散布孢子

与产生种子的开花植物不同，真菌是通过微小的孢子进行有性生殖的。在典型的真菌生长地，每立方米的空气中，大约飘浮着 7.5 万个真菌的孢子。许多真菌也能够进行无性生殖。酵母通过出芽的方式进行无性生殖，小小的芽体逐渐长大，并最终从母体细胞上分离出来，成为一个新的酵母细胞。大多数子囊菌会通过产生分生孢子来进行无性繁殖。这些孢子会从一种名叫分生孢子梗的特殊菌丝的尖端分离下来。遇到适宜的食物资源的分生孢子会迅速生长，并形成新的菌丝体。

虽然真菌的菌丝常年存在，但通常只有看得见的"蘑菇"部分才是它的子实体，即孢子果。不同种类的真菌产生的奇异而多彩的子实体，是一种精密的装置，能够将孢子传播到尽可能大的面积上，这样真菌才可以开拓新的食物资源。孢子的传播有好几种方式，孢子果的形态能够反映出孢子的散布方式。

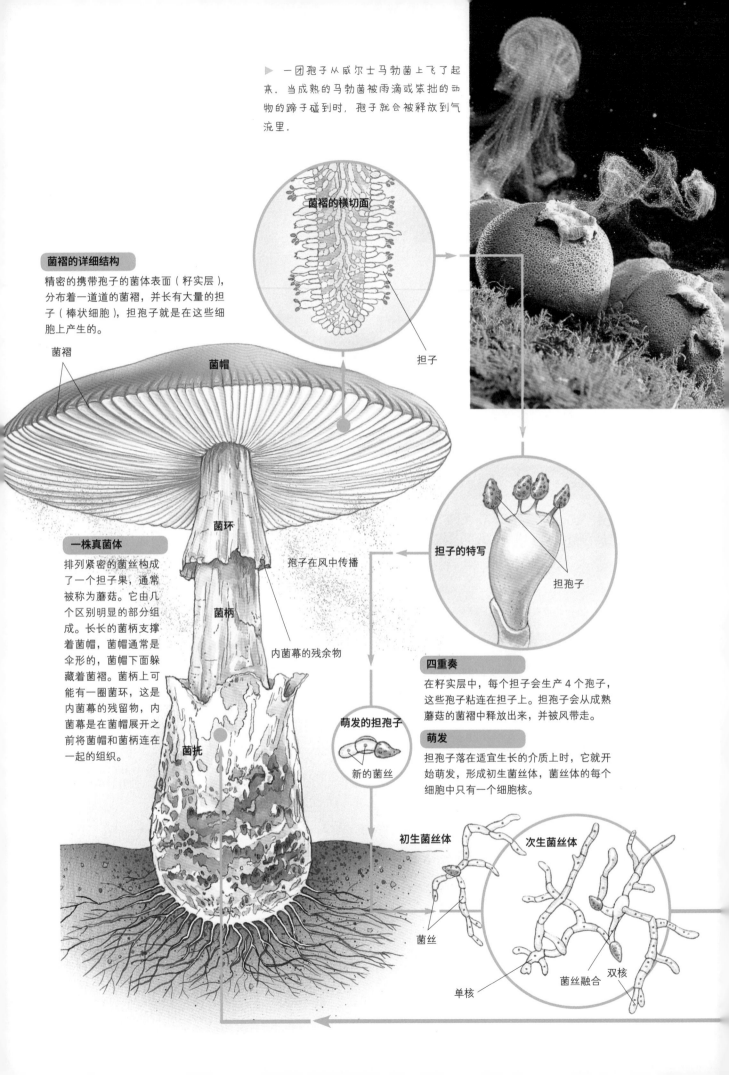

▶ 一团孢子从威尔士马勃菌上飞了起来。当成熟的马勃菌被雨滴或笨拙的动物的蹄子碰到时，孢子就会被释放到气流里。

**菌褶的横切面**

担子

**菌褶的详细结构**

精密的携带孢子的菌体表面（籽实层），分布着一道道的菌褶，并长有大量的担子（棒状细胞），担孢子就是在这些细胞上产生的。

菌褶

菌帽

**担子的特写**

担孢子

**一株真菌体**

排列紧密的菌丝构成了一个担子果，通常被称为蘑菇。它由几个区别明显的部分组成。长长的菌柄支撑着菌帽，菌帽通常是伞形的，菌帽下面躲藏着菌褶。菌柄上可能有一圈菌环，这是内菌幕的残留物，内菌幕是在菌帽展开之前将菌帽和菌柄连在一起的组织。

菌环

菌柄

孢子在风中传播

内菌幕的残余物

**四重奏**

在籽实层中，每个担子会生产 4 个孢子，这些孢子粘连在担子上。担孢子会从成熟蘑菇的菌褶中释放出来，并被风带走。

**萌发的担孢子**

新的菌丝

**萌发**

担孢子落在适宜生长的介质上时，它就开始萌发，形成初生菌丝体，菌丝体的每个细胞中只有一个细胞核。

菌托

**初生菌丝体**

**次生菌丝体**

菌丝

单核

菌丝融合

双核

## 借助风雨之力

许多种类的真菌利用气流来散布孢子，但是它们必须要克服紧贴地面的一层静止的空气。有些种类在地面以上一定高度上产生孢子，这样孢子就可以落在静止气层上面的流动空气层里。另一些种类的真菌则在地面附近产生孢子，并将孢子向上发射到流动空气层中。

很多担子菌类，如伞菌，会在菌帽下面的菌褶里携带孢子，而牛肝菌则在菌帽里面的管状结构中产生孢子。檐状菌的孢子储藏在菌体下面的小孔里，刺猬菌（猴头菇）和几种其他担子

▲ 真菌在热带雨林中非常普遍，因为那里有充足的树木和潮湿、温暖、黑暗的环境，这些条件都有利于真菌迅速生长。许多热带种类，比如这种花边竹荪，看上去相当奇异。还有一些种类能在黑暗中发光。

## 你知道吗？

### 仙女的节日

有些种类的蘑菇常常会长成一个明显的圆圈，比如马蹄菇。这种圆圈通常形成在牧场或草坪上，在英国，它们通常被称为"仙女环"。因为英国民间传说认为仙女们会在夜间出来活动，在圆圈里跳舞。"仙女环"标志着从中间向外生长的菌丝在地下分布的边界。蘑菇会从圆圈的边缘冒出来。

**融合**

不同"性别"的相容菌丝会融合成次生菌丝体，每个次生菌丝体的细胞里有两个细胞核。

内菌幕

发育中的籽实体

外菌幕

**爆发**

次生菌丝体会吸收水分并发育成蘑菇。最初，它就像一粒包裹在蛋形外菌幕中的纽扣。随着菌柄的生长，外菌幕会裂开，只在基部留下袋状的菌托，在菌柄上留下一些颗粒。

担子菌类，如橙盖鹅膏菌，会通过产生孢子进行有性生殖。这种真菌大多含有一些特殊细胞，可以形成广布于地下的菌丝网络。当条件适宜时，菌丝就会产生寿命很短的子实体（担子果），孢子在子实体上形成，并准备着在风中散播。

▲ 在落叶林中，这些被称为"森林女王的马鞍"的檐状菌点缀着布满青苔的木头。真菌可以通过两种方式感染树木。一种是孢子落在树上并长出菌丝，另一种是沿森林地被层生长的菌丝体去侵染到在地上的树木。

菌类，则在垂挂在菌帽下的狭长菌刺的外表面携带着孢子。马勃菌属于一种被称为腹孢菌的担子菌，它们只有一根短短的菌柄，而且不会将自己的孢子散落到气流当中。例如，当子实体成熟后，马勃菌的海绵内层组织就会分解，并干化成粉末状的物质。马勃菌依靠降落的雨滴打在菌体上，把粉末状的孢子团从小孔里喷射出去。

## 孢子炸弹

当两根菌丝生长在一起，它们的细胞质互相融合时，子囊菌类就开始有性生殖了。新的菌丝会从融合的区域发育出来，并形成一个称为子囊果的新的子实体。孢子在棒状的子囊中产生，被称为子囊孢子。子囊的顶端开裂后，成熟的子囊孢子会弹射出去，单个的子囊孢子经常会被气流带到很远的地方。

▲ 图为霉菌形成的月球地貌图。在发霉的面包上经常可以看到这种景象。霉菌可以严重毁坏容易腐烂的货物和粮食作物。例如，1845年，致病疫霉在爱尔兰引起著名的"马铃薯饥荒"，导致上百万人死亡以及大量人口移民。

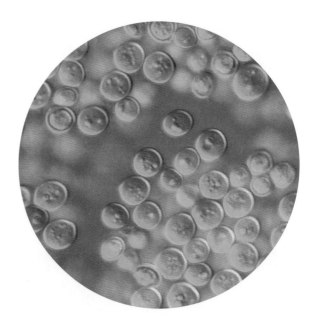

▲ 酵母是单细胞的子囊菌，可以通过出芽进行无性生殖，也可以通过形成孢子进行有性生殖。酵母是制作面包和啤酒的重要成分。

## 动物的力量

有几种真菌利用动物的帮助来散布孢子。它们的主要手段是吸引动物来吃掉孢子，然后孢子就会被动物排出体外。竹荪会产生一种有黏性的黏液，黏液有一种强烈的气味，可以吸引苍蝇。当苍蝇过来食用黏液时，黏液就会黏在它们的腿上，于是当这些苍蝇飞走时，孢子就被带到了别处。块菌的子实体生长在地下，但是它的香气却诱惑着啮齿动物，它们会把它挖出来并且吃掉。

## 主动传播

有一些真菌不需要风雨或动物的帮助来散布孢子。弹球菌橙色的子实体的直径有 2 毫米，生长在兔子的粪便和腐烂的木材上。发育成熟后，籽实体会开裂，增加的压力会将孢子抛到 4 米外的地方。

▲ 许多真菌，例如，小菇属的种类，都长得小巧而精致。这些纤细的红汁小菇长在古老的树桩上。细长的菌柄被划破后，会流出血红色的汁液来。

# 地衣植物

在地球上一些露出地表的非常古老的岩层上，有黄色、橙色、红色和黑色的地衣，它们就像作画时溅落在地上的颜料。这些生长缓慢的生物是植物王国里的异类。每种地衣都包含一种藻类和一种真菌生物，并在两者之间建立起了一种独特的共生关系。

全世界已发现的不同种类的地衣有两万多种，其中有小到平方毫米的南极洲地衣，也有长达 3 米如头发一样的热带雨林地衣。地衣是 4 亿多年前在地球上生长的首批植物之一，至今它们的适应性都非常强。它们形体虽小，但在贫瘠荒芜的地带，仍然有助于土地积累土壤和养分，而这是更大的植物群落生长所必需的。

▶ 这些色彩斑斓的石黄地衣大量生长在潮汐线上方的悬崖表面，尤其是海鸥经常栖息的地方生长得更多。在那里，海鸟们的排泄物为地衣提供了丰富的营养物质。

## 藻类和真菌的爱恨关系

当一种藻类和一种真菌建立起某种共生关系时，地衣就形成了。藻类通过光合作用为真菌提供营养物质，真菌为藻类提供一层湿润的保护性外衣，并通过外皮吸收水和矿物质，然后把水和矿物质持续地供给藻类。

然而，藻类和真菌之间的共生合作关系并不总是平衡的。在干旱时，当水分缺乏而藻类无法产生营养的时候，地衣内部的某些地方就会变成双方"搏斗"的战场。通常在这种情况下，地衣就会转入休眠状态——减缓生命活动的速度，直到天气转好。但是某些时候，真菌等不了那么久，就会吞食藻类的细胞，于是将原来的共生关系变成寄生关系。

## 地衣的种类

直到 20 世纪，人们还认为地衣只包含一种物质，并根据它们身体（原植体）的形态分为三类：壳状地衣、叶状地衣和枝状地衣。

壳状地衣非常薄，紧密地附在地表生长。这类地衣大多数都长在岩石、墙壁、屋顶和雕像上，但也有少数壳状地衣，如白色鸡皮地衣，就是附着在老树的枯皮上。

叶状地衣看起来就像是一堆交叠在一起的叶子，它们松散地附在墙壁、树木和地面上。在不列颠群岛，石梅地衣是一种青铜色的叶状地衣，许多年来一直被人们用作染眉毛的颜料。如今，苏格兰工匠们仍然用地衣染各种呢料，如猩红色、黄色、蓝色和紫色的哈理斯粗花呢。

枝状地衣看起来像小灌木，每种都有枝状或手指状的结构。

▲ 老人须（松萝地衣）就像彩带一样，生长在潮湿而温和的林地里。它外面的真菌层吸收空气中的水分子，藏在里面的藻类细胞就可以进行光合作用了。

▲ 在洞穴岩石中常常能够发现壳状地衣，如图中的石黄衣。有时环境保护论者也会用地衣的数量来衡量一个地区的空气污染程度。

## 共同生存

由于藻类和真菌之间形成的亲密关系，使地衣几乎能在世界上的任何地方生长。

地衣的外部由一个致密的真菌丝（菌丝）网组成。在这个似茧的包裹物中，大量精微的藻类细胞紧密地充塞于菌丝网中。藻类和真菌都能各自独立生长，但是地衣繁殖的成功方法是：它可以先分裂出一个很小的地衣长条，并由此成长为一个新的植株；它也可以先释放出一个由藻类和真菌细胞组成的球，这个球被称为粉芽，它能够在合适的条件下长成一个地衣。

真菌菌丝

藻类细胞

### 生命的源泉

在斯堪的纳维亚半岛北部的森林里，地衣是长势最旺盛的植物。它们细小的枝条状结构形成了茂密的丛林，像地毯一样覆盖着地面。图中展示的石蕊地衣也叫作驯鹿苔藓，因为在冬天的几个月里，游牧的驯鹿以它为食物。在缺乏食物时，甚至连当地的居民也会食用这些地衣，如石肠子地衣和爱尔兰苔藓。它们被称为"生命的源泉"。

一些枝状地衣长在地上，它们纤细的茎向上生长以获得阳光；还有的地衣从树上倒垂下来，成了长长的细丝束。

## 漫游世界

地衣能在各种环境中生存。在中非鲁文佐里山的针叶林中，那些粗糙的树枝上挂着许多地衣，宛如狂欢节的彩带。它们有的在温带海岸线的海鸥的岩石巢穴上结壳；有的生长在温带和热带雨林的树木枝干上；有的在北极苔原地带形成

▲ 长柄石蕊地衣成熟时，它们的茎直挺着向上生长，在其顶部长着猩红色的粉芽，粉芽如果被风吹到适宜的地方，就会长成新的地衣。

了微型灌木丛。

　　地衣甚至能在极端严酷的环境中生存下来，而其他植物和真菌在这些环境里都很难存活。例如，在炙热的纳米比亚沙漠中，壳状地衣长成了覆盖在沙丘上的橙色毯子，而其他的植物在这里则会被烤成一层干皮。在中午阳光的照射下，地衣会变得枯萎并进入休眠状态，而到了第二天早上，当云雾从附近的海岸飘过来时，在10分钟内，地衣的重量就可以翻倍增长。在沙漠上的温度再次剧增之前，它们已经收集到了足够的水分用来进行光合作用。在距离南极450千米远的地方，地衣生长在岩层背面的底部。那里的天气异常恶劣，每年只有几天的时间才适合植物生长，但地衣仍然顽强地，不过在50年的时间里，它们只能生长几平方厘米。

　　地衣唯一无法生存的地方是城市内部和重工业区。因为严重的污染会阻碍光合作用的进行。

# 苔藓和地钱

苔藓和地钱构成了现今生活在地球上的生物中最古老的群体——苔藓植物。在世界各地都能发现这种微小的植物，从雾气弥漫的山区雨林的树冠层，到狂风横卷的沙丘上。

3.5亿年前，苔藓和地钱就已经出现在地球上了。现在，它们经过漫长的进化，已经变得坚韧而强壮，能够在很多极端环境中生存下来。一些苔藓植物生活在沙漠炙热的阳光下，一些生活在冰天雪地的北极地区，而另外一些则隐藏在阴暗的洞穴岩壁的凹陷处。

▲ 这些苔藓稀疏地生长在挪威斯瓦尔巴特群岛东部，给这片荒凉的北极地区带来了一丝亮色。只有苔藓、地衣和少数藻类能在这种冰冷的环境下生存，而开花植物需要比这高很多的温度才能存活。

▲ 早春时节，泥炭藓在石南沼泽上展示着它们明艳的色彩，并且做好了产生孢子囊的准备。等到夏季快结束的时候，它们就会变成黄绿色，孢子也随之成熟，做好准备在风中散播。

## 苔藓植物家族

所有苔藓植物都是微小而简单的植物，它们通常只有 2 ～ 15 厘米高。与藻类和地衣相似，它们缺乏把水和养分从一处输送到另外一处的专门组织，所以只能通过全身的"皮肤"吸收养分，并利用渗透作用和扩散作用把这些养分运送到全身各处。

苔藓植物的生命周期分为两个世代，涉及有性生殖和无性生殖两个阶段。我们看到的苔藓和地钱是生命周期的第一个世代，称为配子体，它们通过有性生殖形成第二个世代——孢子体。接下来，孢子体进行无性生殖，形成孢子，其中一部分孢子最终会发育成新的配子体植株。

有性生殖发生在雨季或者露水很大的时节。这时候，配子体的雄性生殖器官（精子器）中的精子会摆动着它们的"尾巴"，在水里游向卵细胞。雌性生殖器官（藏卵器）会释放出一种化学物质，用来引导精子，免得它们在漫长的旅途中迷失方向。某个幸运的精子会沿着这条化学路径直达卵子，然后使它受精。

一旦卵子完成受精，受精卵就会发育成一个孢子体胚胎。随着孢子体的生长，它会形成一个孢子囊，孢子囊位于亲本植株的细柄末端。有时候，这种细柄能够进行光合作用，但大多数情况下，它们都是从亲本植株那里获得所需的养分。孢子在孢子囊里形成，当天气状况适宜时，它们就会被释放到空气中随风散播。如果降落到适宜的生长地，它们就会发芽，形成微小的多节结构（原丝体），并最终长成新的植株。

## 苔藓大全

世界上大约有 9000 种苔藓。根据水分的多少、温度的高低、土壤的酸度、光照强度和污染程度的不同，每种苔藓都进化出了特定的适应性，以应对各自的环境。

大多数苔藓都生活在温暖湿润的地区，用与根相似的假根将自己固定在土壤、岩石或者木头上。在这些细小的假根上面，长着纤细的茎和分枝的叶状结构。一般说来，苔藓植物要么缩在一起，形成致密的圆形软垫，要么就沿着地面铺展开来，形成厚厚的大片地毯。在冬季的落叶林里，树木都掉光了叶子，由长势旺盛的苔藓植物形成的绿色地毯格外引人注目。

岩石和墙壁上的苔藓经常生活在暴露的位置，在那里，风和太阳很可能会把它们风干。为防止这种情况发生，很多苔藓都改变了叶片的形状。例如，岩生黑藓长着狭窄的三角形叶片，叶片紧贴着茎，层层叠叠地挤在一起。为了抵抗风力作用，它们一般会长成低于 3 厘米的矮丛。

苔藓还适应了生活在各种类型的石头上。溪岸裂齿藓统治着海岸上的酸性岩石，在那里它们要承受浪花的不断冲击；而泛生墙藓则更乐于生长在碱性的岩石上。少数种类的苔藓，比如

## 泥炭藓的生命周期

　　泥炭藓的生命周期是一个复杂的过程，同时涉及有性生殖和无性生殖两个阶段。在第一个阶段中，水是必需的；而干燥的风对第二个阶段大有帮助。

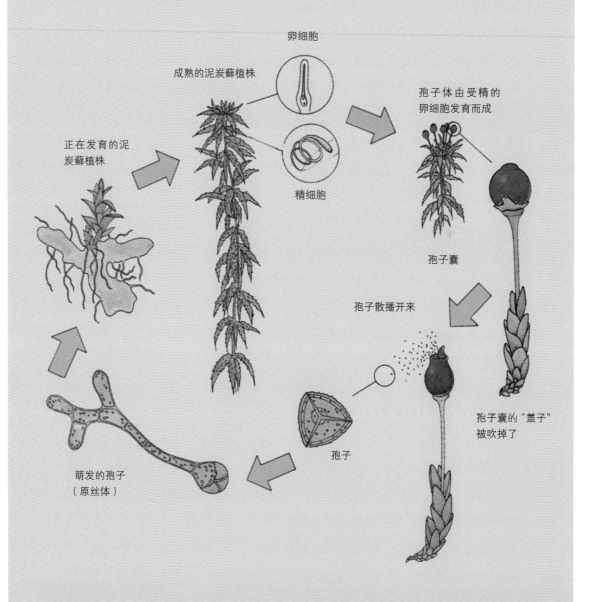

卵细胞

成熟的泥炭藓植株

精细胞

孢子体由受精的卵细胞发育而成

孢子囊

正在发育的泥炭藓植株

孢子散播开来

孢子囊的"盖子"被吹掉了

孢子

萌发的孢子（原丝体）

**开始于水中**
在繁殖周期的第一个阶段，成熟的苔藓植株（配子体）会产生精细胞，精细胞在雨水中游动，到达卵细胞，并与卵细胞融合，形成孢子体植株。在繁殖周期的第二个阶段，孢子体会通过无性生殖产生很多孢子，孢子再进一步成长，发育成新的植株。

▲ 在这片北美洲的雨林里，年平均降水量高达 3600 毫米，因此这里成了很多林地苔藓的理想家园。雨林中凡是有水汇集的地方，都被苔藓覆盖得严严实实。

铜藓，甚至生长在毒性很高的富铜岩石上。

生长在土壤层上的苔藓也显示出了对特定酸碱度的土壤的偏好。白发藓在酸性土壤中生长得很繁茂，而穗枝木藓在碱性的白垩质土壤中长势更好。一些壶藓甚至不需要土壤，它们喜欢生活在营养丰富的牛羊粪便上。

很多苔藓都能在环境变化很快的地方安家，比如耕田。这些苔藓发展出了快速的生命周期，以适应它们临时性的家。例如，生长在新开垦的田地里的锈红真藓会进行营养生殖，而不必产生孢子。它们用与真根相似的假根将自己固定在土壤上，并发育成块茎状。它们能以休眠状态在土壤中存活

## 大开眼界

### 伤员的朋友

很多苔藓都嗜水如命，其中，泥炭藓对水的渴望可能是最强烈的。泥炭藓的茎和叶片里有着特殊的细胞，细胞里储藏着相当于自身重量 25 倍的水分。

在卫生棉片和人造海绵被大规模生产前，北美印第安人把泥炭藓当作婴儿的尿布使用。泥炭藓的抗菌特性使它们在两次世界大战中成为优良的紧急医疗用品。它们被用来包扎伤口，给伤员止血。

## 孢子的散播

孢子囊位于一根细柄的末端，大小不等，形状各异。苔藓会把孢子从发射台（孢子囊）释放到风中，释放的方式各具特色。

**空气排放**
在干燥的天气里，葫芦藓会通过孢子囊顶端的裂缝释放孢子。在潮湿的天气里，裂缝就会关闭，将孢子保留在孢子囊里面。

**爆炸的沼泽**
随着泥炭藓小而圆的孢子囊不断变得干燥，囊内的压力也持续增加，直到最后盖子被压力冲开，将"孢子雨"喷洒出去。

**头发一样的帽子**
泛生墙藓的孢子被缠绕在一起的"毛发"覆盖着。在干燥的天气里，这些毛发会舒展开，将孢子暴露出来，等待随风散播。

**靠震动传播**
桧叶金发藓四边形的孢子囊的"帽子"一旦脱落，孢子就会通过孢子囊顶部的小孔震动出来。

好几个月，等到天气状况再度变得适宜生长，它们才抽出嫩芽，并发育成亲本植株的"克隆体"。

生活在木头上的苔藓倾向于生长在树干上潮湿的一面，或者生长在腐烂的木头上，因为在这样的地方，它们能持续获得水分。在潮湿温暖的林地，尤其是雨林里，这类苔藓的数量最多。在地势较高而且天气凉爽的巴西雨林中，苔藓和地钱几乎覆盖了每一寸可供生长的地方——甚至连树叶都不能幸免。

尽管很多林地苔藓都通过产生孢子体进行繁殖，但仍然有一些种类会进行营养生殖。例如，木灵藓会在叶尖上长出很多

▲ 在英国到处都能发现密枝羽藓的踪影，它们生活在潮湿的林地和腐烂的树木上。密枝羽藓是一种丛生植物，有着亮绿色分叉的茎干，总是长成婆婆的密丛。

微小的营养体，称为胞芽。胞芽发育成熟后，就会掉落下来，如果有幸落在条件适宜的地方，它们就会发育成新的植株。

## 水生苔藓

那些最大、最好看的苔藓过着水生生活。在美国大烟山地区，河里的石头上覆盖着一层厚厚的苔藓，奔流的河水为它们提供了生活所需的养分和氧气。最大的水生苔藓之一是长达 80 厘米的莫丝，它们的根基固定在水下的岩石上，而叶子在水面上自由漂浮。

泥炭藓是另外一种水生苔藓。在所有长期浸透水的地面上，尤其是泥炭沼泽中，很容易找到这种植物。泥炭藓有着脆弱而易折断的茎，所以它们会长成致密的"毯子"或者隆起的"小丘"，从而给自己提供支撑。

### 你知道吗？

**角苔**

角苔是一类苔藓植物的统称，在这个群体中，大约有 100 种苔藓。角苔看起来和裂片状地钱很相似，它们常常生活在乡村休耕的农田上，以及乡路旁边的粗糙土壤上。"角苔"这个名字来源于从它们的植株上伸出的很多像触角一样的突起。每个"触角"里都长着细小的孢子，这些孢子最终会被释放到空中，随风散播。

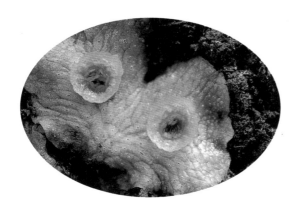

▲ 这是一张裂片状地钱的放大图片，从图片中我们可以看到两个包含着胞芽的杯状结构。如果胞芽被雨水滴溅到条件适宜的地方，这种微小的营养生殖器官就可以发育成一个独立的植株，新的植株是亲本植株的"克隆体"。

▲ 地衣的雄性和雌性生殖结构生长在细柄的顶端。雄性生殖器官呈扁平的碟状，而雌性器官看起来像一把半开的雨伞。

▲ 溪苔在北温带地区十分常见，它们生长在沟渠和溪流岸边的湿土和欧洲高沼地中潮湿的泥炭和岩石上。

# 地钱

　　世界上大约有 6000 种地钱，它们的大小相差很大，从用显微镜才看得见的大萼苔到 20 厘米长的毛地钱不等。大多数地钱都生活在水分充足的地方，尤其是阴凉的溪岸和沟渠两岸，以及新挖起的土堆上。

　　地钱主要有两大类，一类是叶状的，另一类是裂片状的。裂片状的地钱扁而圆，而叶状地钱的外观更像苔藓。它们有类似于茎的结构，叫作拟茎体，还有两三排叶状物，叫作拟叶体。

　　和所有水生植物一样，地衣能利用有性生殖和无性生殖两种方式，分两个阶段完成生殖过程。然而，由于很多地衣的雄性生殖器官和雌性生殖器官距离太远，所以它们很少使用这种复杂的方法进行繁殖，而是以产生胞芽的方式完成繁殖。叶状地钱的胞芽长在它们的叶片边缘，而像半月苔这样的裂片状地钱的胞芽则聚成一簇，形成月牙形的薄片。

# 木贼属植物之马尾

在史前时期，地球的陆地被大片的马尾（木贼属植物）、石松和蕨类植物覆盖着。在这些森林植物中，存活到现在的只有25个种类，而其他种类的植物的残留物已经转化成了煤矿藏。

马尾植物实际就是木贼属植物。因为它们形似马的尾巴，所以在英文中的俗名就是马尾（Horsetail）。在植物的分类中，它们属于楔叶蕨纲，是最原始的陆生植物。它们和蕨类植物以及石松，都是地球上的第一批植物。这些植物既有能够在陆地上支撑自己的强壮的茎，又有能在体内输送营养物质和水分的内部维管系统。

▲ 大量溪木贼（也叫水问荆，一种生活在水中的马尾植物）茂盛地生长在英国北威尔士斯诺登山的浅湖中。其中一些长有稀疏的树枝，但多数都是光秃秃的，这使它们看起来像灯芯草。成熟的溪木贼的茎尖上长有小的、黑色的、像球果一样的结构，在每个这样的结构中，都长有成千上万的孢子。

### 原始的巨型植物

　　当像树一样大的马尾植物和石松最初进化的时候，它们生长在湿地中，形成了巨大的原始沼泽林。如果它们生存到现在，有一些种类（如图所示的鳞木）的高度可以达到成年人身高的 16 倍。

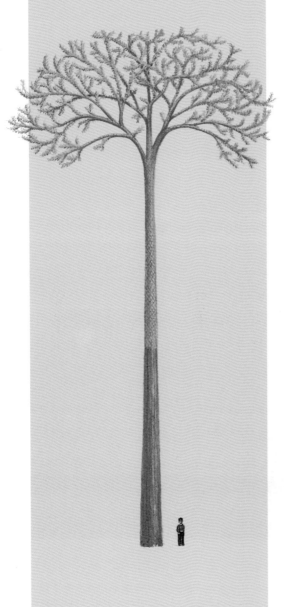

　　在石炭纪时期，这种外形像塔一样的植物可以长到 30 多米高。而现在，尽管在美洲热带地区，有一种长得像葡萄藤的马尾植物偶尔也会长到 10 米高，但是大多数的高度都达不到 1.5 米。马尾植物生长在潮湿的环境中，除了澳大利亚，在其他几个大陆上，都有它们的踪迹。

## 过去岁月的遗物

　　马尾植物有着巨大的地下根茎，大量的根系会从这些巨大的根茎上生长出来，朝四面八方延伸出去。水分和营养物质被这些根吸收，并由维管系统输送到植物体内的其他部位。在地面上，它们长着有接缝的茎，纤细的绿色侧枝的轮生体从这里生长出来。除了节点处是实心的，茎的大部分都是中空的。细小的、像鱼鳞一样的叶片包围在节点处。侧枝和茎都能进行光合作用。成熟的马尾植物会结出有孢子的球果，球果结在茎的顶端，或者在春天的时候，结在从植物的基部生长出来的新嫩芽的尖端。

◀ 在适宜的环境中，问荆能够长到 80 厘米高。它的茎在春天生长，几周后，球果里的孢子就会随着风传播出去。

# 石松

　　和马尾植物一样，石松也是石炭纪时期的一种重要植物。那时的石松长有像塔一样的外形，甚至连马尾植物在它们面前都显得矮小。现在，大约有1000个石松品种仍然存活着，它们都属于石松植物门。每一个种类都有根、茎、叶，并且由维管系统连接在一起，维管系统将水分和营养物质输送到植物体内各个部分。

　　大多数石松都是小型的（高度不到25厘米）、迷人的植物。在温带气候里，它们通常会在沼泽、石南树丛，以及森林的潮湿地面上蔓延。它们绿色的叶状茎水平地生长在地面上，由细小的地下茎固着在地上。从主茎上伸出来的分枝呈卷曲状，由地面向上生长，成为向上直立的枝。有一些石松，像图中的这种石松，它们顶上的枝像棍棒一样，被称为球果。当它们成熟后，会长出鲜艳的黄色孢子，这些孢子会散播到风中。那些不能结球果的种类，也有能够生长孢子的结构，这些结构藏在茎上的叶子中。

　　大多数石松都生活在热带或者亚热带地区。生活在这些地区的石松，不是在地面上爬行蔓延，而是附着在树干和树枝上。它们的根伸进树干的隐蔽处，以及树皮裂缝中，将自己固着在树上。许多石松都属于卷柏属。它们的形状比生活在温带地区的石松更加多样化：有一些蔓延在地面上，形成一层薄薄的地毯状；有一些看起来像苔藓，在树枝上和树干上蔓延；还有一些形成了直立的像蕨类一样的丛生植物。图中的这种卷柏就是像蕨类一样的植物，它们生长在马来西亚。

卷柏

石松

## 繁殖

马尾植物的繁殖系统与石松和蕨类植物的繁殖系统比较相似。成熟的马尾植物会长出一团团像粉尘一样的孢子，这些孢子将会随风四处飘荡，并且在适宜生长的地点着陆，然后迅速发芽，长成微小的被称为叶状体的叶状结构。在叶状体的内侧有精子器和颈卵器。它们能够制造出精子和卵细胞，精子和卵细胞有性融合，形成一个胚芽。当精子离开精子器的时候，叶状体必须是潮湿的，这样才能够游向颈卵器中的卵细胞。受精后，胚芽逐渐长成能够长出孢子的马尾植物。

## 分布地区

现在，在存活下来的马尾植物中，几乎有一半都分布在北美和北欧的温带地区。沼生木贼（一种高大的马尾植物）分布在英国的大多数岛屿上，它们生长在潮湿、阴凉的森林和灌木树篱中。它们那高高的木质茎看上去就像小型圣诞树。大量的问荆（一种普通的马尾植物）生长在北美的草地上或者溪流沿岸。木贼繁茂地生长在荷兰的淡水湿地中，和很多种类的马尾植物一样，它们的茎中含有大量无水硅酸，这些硅酸是由它们的根从土壤中吸收来的。在清洁剂被发明出来以前，人们将它们的枝杈去掉，然后用它们来清洁罐子和锅。

# 蕨类植物

　　蕨类植物是一种生活在阴暗的森林和河岸边的古老植物，它们在地球上已经生存了3亿多年。远在恐龙出现之前，它们就和石松、马尾植物共同占据着闷热的原始沼泽森林。

　　在蕨类植物门中，大约有1.2万种植物。这类植物在进化过程中成功地生存了下来，而且种类丰富多彩。它们都依靠孢子繁殖，而不是依靠种子。大多数蕨类植物都生活在陆地上，只有少数蕨类适应了水生环境。

　　从热带地区到北极圈，世界各地都有蕨类植物生长。但是大多数蕨类植物都生活在热带雨林中，而且经常生长在高高的树冠上的枝条上。在温带地区，蕨类植物生长在沼泽、湿地、潮

▲ 蕨类植物在英国萨默塞特的一条蜿蜒的小溪上方形成了葱郁的"树冠"。和潮湿的林地一样，溪岸也是蕨类植物生长的理想场所。有些蕨类甚至能够在水中生长。

▲ 精致的荚果蕨最初生长在北美洲的北部、亚洲和欧洲的部分地区。1760 年，它们被引进到了英国。它的叶片能长到 1 米长。

## 你知道吗？

### 有毒的蕨类

大多数食草动物都会远离欧洲蕨，因为它含有致癌物质和毒素。但也有些牛和羊会误食欧洲蕨，这会导致消化道溃疡、肿瘤和内出血等。如果经过处理，蕨类植物的根也可以供人类安全地食用。过去，欧洲蕨还是生活在新西兰的毛利人常吃的食物。

湿的林地以及溪岸上。有一些蕨类喜爱田野、岩石裂缝，甚至沙漠。冷蕨生长在海蚀洞的洞壁之上。还有一个种类则尽量避开潮湿的环境，它就是欧洲蕨。欧洲蕨是一种粗糙坚韧的蕨类植物，生长在池塘的土壤之中，它也是世界上最常见的蕨类植物。它的成功得益于遍布地下的根状茎进行的高效繁殖。

## 蕨类植物的进食

蕨类植物通常都是绿色植物，因为它们都含有叶绿素，能够通过光合作用制造自己的食物。与藻类和苔藓不同，蕨类植物有特殊的维管组织——木质部和韧皮部。木质部将水分输送到整个植株，韧皮部则输送碳水化合物。这些组织也为蕨类植物起到支持作用。

通过这套内部的传导系统，蕨类植物很容易转移水分、溶解矿物质和碳水化合物。高效的维管系统能够进行长距离的输导，这意味着蕨类植物能长很高——这一点和苔藓不同。在热带地区，桫椤能长到 23 米高。但是在温带地区，蕨类植物就相对较小了。所有蕨类植物都有维管化的茎，大多数蕨类植物在它们的根和叶中也有维管组织。

## 品种多样的蕨类植物

蕨类植物最为人所熟知的部分是它的叶子——伸展在地面上的部分。它们的叶子通常比较复杂，叶片被分成了几片小叶，小叶像枝条一样排列在叶柄上。每片小叶又是由更小的被称为小羽片的圆裂片组成的。小羽片又经常包含更小的结构。较大的叶子有两大功能——进行光合作用和繁殖。

蕨类植物的叶子主要是羽状复合叶，它们都从中心的茎干向外伸展。但是有些种类也具有不同的形状。精致的铁线蕨长有特殊的花边，像羽毛一样；鹿舌草长着带状的革质叶片；细小莎草蕨非常纤细，像草一样。还有一些攀缘蕨类看上去就像常春藤一样。热带鹿角蕨生长在澳洲雨林的树上，看上去就像一枝鹿角或爬行动物分叉的舌头。

绵马贯众、阔基鳞毛蕨、欧洲耳蕨和刺毛耳蕨的叶子都以轮生的方式排列在直立的茎上。荚果蕨也是以这种形式生长的，它们的羽状叶完全舒展开，就像一个巨大的绿色羽毛球。

仙女蕨看上去有点儿像微型的桫椤，因为它的茎是直的，能长很高，看上去就像细小的树干。狭基鳞毛蕨与之相反，它的茎是水平的，上面不时长出几片叶子。

▲ 有一些蕨类植物会试图在岩石、悬崖和墙壁的裂缝中生根。这种普通水龙骨经常从石灰石和灰泥墙上长出来。

西洋蕨的叶子茂密地成簇生长，能长到2米高，它那携带着孢子的能育叶（孢子叶）高高耸立在无数不育叶（营养叶）中间。当植株还很小时，所有叶片上都有一层像羊毛一样的褐色软毛。植株成熟之后，软毛就会脱落，只留下光秃秃的叶片。不育叶是革质的，呈暗淡的黄绿色；孢子叶上则布满了褐色的孢子果，因此几乎看不见多少绿色。乌毛蕨的孢子叶看上去有点

▲ 郁郁葱葱的铁线蕨铺满了加拿大安大略省的林地表面。铁线蕨中还有一些更漂亮的品种，被普遍种植在室内作为观赏植物，因为它们好看而且容易栽培。

▲ 就像这片位于马达加斯加的雨林一样，热带雨林里生长着丰富而繁茂的蕨类植物。大多数蕨类植物都在阴暗潮湿的地方长势良好。它们通常都需要潮湿的条件以进行成功繁殖。

▲ 鹿舌草是一种与众不同的蕨类植物，它每年只能长出一片叶子，而这片叶子又会分裂成尖尖的、椭圆形的小叶和一根更细的中央茎干，茎上携带着40多对孢子囊。

像鱼的脊骨，从宽大的不育叶的莲座型叶丛中竖直耸立出来。

蕨类植物通常可以通过它们的孢子囊群进行辨认，不同蕨类的孢子囊群的形状、数量、大小、颜色和排列方式都不一样。例如，仙女蕨的孢子囊群呈逗号形或者 J 形，鹿舌草的孢子囊群则又长又直，而水龙骨属植物的孢子囊群是椭圆形的。水蕨有成对的小孢子囊群，蜀蕨有很多圆形的孢子囊群沿着叶片成行排列，而小贯众在每片叶片下都分布着 2 个或 3 个孢子囊群。

甚至同一种类的蕨类植物也有很多不同之处。例如，刺毛耳蕨大约有 50 个不同的品种，仙女蕨有 70 个不同的品种，而鹿舌草有多达 150 个不同的品种。它们的不同可能体现在整株叶状体或者小叶的面积和比例上。仙女蕨的茎有好几种颜色，从灰绿色到深褐色，甚至红褐色。

## 无根的蕨类

扫帚蕨有十几个品种，它们都是奇怪的蕨类植物，没有根和叶。它们大多生长在热带地区，看上去和其他蕨类植物很不相像。但是它们的生命周期是相似的。例如，松叶蕨，有着维管化的茎，能长到 60 厘米高，茎是绿色的，能够进行光合作用，茎会多次分枝，看上去就像一把扫帚。这种蕨类还有地下根状茎，根状茎上有纤细的假根，它们起着根的作用——吸收水分和矿物质。松叶蕨的枝上有明显的孢子囊。孢子囊也是绿色的，但成熟后会变黄，并将孢子释放到气流之中。这些孢子需要黑暗的条件发芽并长成原叶体。扫帚蕨的原叶体直径约 2 毫米，在地下生长，从土壤里的真菌中汲取营养。

▲ 这株绵马贯众的小叶在展开的过程中，看起来非常像小提琴的琴头。在冬天，叶片上褐色的鳞毛能够保护小叶免受低温的伤害，冬天过后再完全舒展开。

▲ 这种生长在英国剑桥郡林地上的冷蕨是一种漂亮的蕨类植物。蕨类植物的形状和大小都表现出很大的不同，尽管很多蕨类的叶片都是由分开的圆裂片组成的。

**高山冷蕨**
　　生长在苏格兰高地的中部地区。

**石灰蕨**
　　单个的叶片从蔓延的根状茎上长出来。

**冷蕨**
　　生长在苏格兰东部的海蚀洞中。

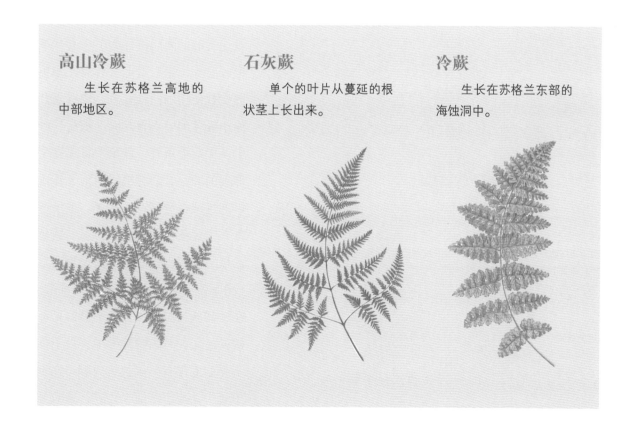

## 孢子的生命周期

蕨类植物会通过孢子进行繁殖。一株大型蕨类植物在一个季节里能产生几亿个孢子。

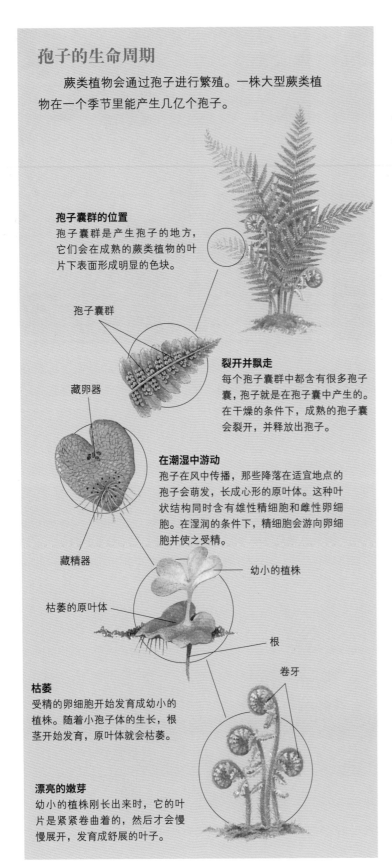

**孢子囊群的位置**
孢子囊群是产生孢子的地方，它们会在成熟的蕨类植物的叶片下表面形成明显的色块。

孢子囊群

藏卵器

**裂开并飘走**
每个孢子囊群中都含有很多孢子囊，孢子就是在孢子囊中产生的。在干燥的条件下，成熟的孢子囊会裂开，并释放出孢子。

**在潮湿中游动**
孢子在风中传播，那些降落在适宜地点的孢子会萌发，长成心形的原叶体。这种叶状结构同时含有雄性精细胞和雌性卵细胞。在湿润的条件下，精细胞会游向卵细胞并使之受精。

藏精器

幼小的植株

枯萎的原叶体

根

卷牙

**枯萎**
受精的卵细胞开始发育成幼小的植株。随着小孢子体的生长，根茎开始发育，原叶体就会枯萎。

**漂亮的嫩芽**
幼小的植株刚长出来时，它的叶片是紧紧卷曲着的，然后才会慢慢展开，发育成舒展的叶子。

# 蕨类植物的繁殖

蕨类植物的生活史分两个阶段——孢子体阶段和配子体阶段。我们看见的那些生长在林地和花园中的羽蕨都是孢子体。孢子体有地下茎（根状茎），茎上覆盖着纤细的鳞毛。蕨类植物的孢子体都是多年生的——它们能够存活好几年。在一些冬季分明的地区，每年秋天它们的叶子都会枯死，第二年春天，地下的根状茎又会长出新的叶子来。生长在林地上的蕨类，比如鳞毛蕨和耳蕨，会在冬天枯萎，枯死的叶子会为生长点（宿根）提供保护，帮它度过最严酷的气候。

叶子刚从地下长出来时是紧紧盘卷着的，因此被称为羊齿卷牙或嫩叶卷头，它们看上去有点儿像英国主教使用的曲柄权杖，也有点儿像小提琴的卷涡形琴头。随后新叶会从尖端舒展开，慢慢发育成完全伸展的叶片。蕨类植物的孢子体可以通过减数分裂产生孢子。孢子通常在叶片下表面产生，这里的繁殖区域会发育出孢子囊。孢子囊通常成串地生长在一起，形成孢子囊群。在一些蕨类植物中，孢子囊群是赤裸的，而在另一些种类中，每个孢子囊群上都有一层组织薄膜。在孢子囊中，孢子母细胞会进行减数分裂，形成单倍体孢子。孢子成熟以后，孢子囊就会破裂，并将孢子射向空中。轻飘飘的孢子随风传播，通常能够到达很远的地方。当这些孢子在条件适宜的湿润地带，比如森林地被层的潮湿土壤上着陆后，它们就会通过有丝分裂生长成为成熟的配子体。

◀ 大多数蕨类植物都会在叶片上携带孢子。孢子是在孢子囊里产生的，孢子囊在叶片下表面以孢子囊群的形式成簇地发育。它们会改变颜色，随着孢子的成熟，会逐渐变成褐色或红色。

## 绿秆铁角蕨

有着狭长的叶子，叶片能长到20厘米长。

## 高大的古蕨

桫椤只生长在热带地区，能长到20多米高。它们的祖先曾经大面积占领整个地球。它们的树干没有树皮，而且不随着植株的长高而增粗。图中的这种桫椤生长在澳大利亚的昆士兰州。

　　处于配子体阶段的蕨类植物看上去完全不像它们在孢子体阶段的样子。蕨类植物的配子体很小很薄，呈一个心形的平面，像叶片一样，被称为原叶体。它们贴着地面平展地生长。

　　原叶体有着纤细的像根一样的根状茎，能够将它们牢牢地固定在地面上。原叶体成熟后就会在下表面产生雌性和雄性两种繁殖器官（配子囊）。雄性繁殖器官被称为藏精器，雌性繁殖器官被称为藏卵器。当地面潮湿的时候，雄性繁殖器官便会释放出精子，游向雌性的卵细胞并使之受精。细颈瓶形状的藏卵器位于原叶体中心接近凹口处，每个藏卵器中都含有一个卵细胞。散布在根状茎中的球形藏精器能产生无数的精细胞。

　　和苔藓一样，蕨类植物也需要水才能受精。精细胞只需要原叶体下方的地面上有一薄层水，

## 蔓延的蕨类

　　欧洲蕨是一种粗韧的、富有侵略性的蕨类植物，它们能够通过繁殖，迅速占领大片陆地。它们的根状茎会在地下爬行，使植株得以迅速蔓延。这种繁殖策略如此成功，以至于欧洲蕨完全放弃了有性繁殖。

**完整的植株**
欧洲蕨在林地、荒地和草地的酸性土壤中很常见，但是在石灰石土壤中不太常见。它的叶子能长到 2 米长。

**舒展开**
幼小的卷曲叶片被称为羊齿卷牙。随后从尖端舒展开，发育成完全伸展的叶片。

**在地下延伸**
地下茎（根状茎）可以延伸好几米长，并不时地长出新的叶片。

就能顺利游向藏卵器。当一个精细胞在藏卵器中使卵细胞受精以后，形成的双倍体受精卵就会通过有丝分裂发育成多细胞的胚胎。胚胎期的孢子体仍然附着在配子体上，但是随着它发育成为小的孢子体植株，原叶体就会枯萎死亡。

蕨类植物的生命周期是在双倍体孢子体和单倍体配子体之间交替的，完成一个生命周期通常需要 4 ～ 18 个月。蕨类植物的生命周期也是在有性阶段和无性阶段之间交替的。

在植被繁殖中，新的叶子可能会从伸展在地下的根状茎上长出来，这就是欧洲蕨向外蔓延并形成大型群落的方式。欧洲蕨的叶子不是成簇生长的，而是稀疏地从在土壤中蔓延的根状茎上萌发出来。欧洲蕨是一种高大宽阔的蕨类植物，在有遮蔽的阴暗处生长得尤为高大繁茂。它们可以在林地里生长，但是在开阔地带会长得更好。如果长势良好，它们甚至能够完全占据一大片土地。

有些蕨类植物会在小叶的下表面产生像灯泡一样的小果实。成熟后，这些果实会掉落在地上，并长成新的植株。根叶过山蕨会在它那长矛形的叶片尖端长出新的植株。新植株的叶子会拱起并触及土壤，于是，新长出的小植株就能在土壤里生根并继续向前"行走"。

## 告别蕨类植物

有些蕨类植物已经十分稀少了，还有些因为适宜的生存环境有限，所以分布十分受限。英国某些蕨类植物变得稀少的原因要追溯到维多利亚女王时代，当时非常流行采摘蕨类植物并在室内种植。采集者在乡村搜寻蕨类植物，再运到城镇的街上，挨家挨户地售卖。当然，售卖的蕨类植物越稀有，它的价钱也就越高。没过多久，由于持续采摘，某些种类的蕨类就变得极为罕见了。

西洋蕨也经受了同样的遭遇。这种蕨类植物在不列颠群岛曾经十分常见，而今，只有在英国西部的某些沼泽、河岸和潮湿林地上才能发现它们的踪影。采集者的行为以及将沼泽开垦为农业和建筑用地的做法，共同导致了蕨类植物的数量大幅锐减。

英国的另一种稀有蕨类是精美的铁线蕨。在英国，它们主要生长在西南沿海有遮蔽的悬崖上，以及爱尔兰的西海岸。在世界上其他较为温暖的地方，也广泛地分布着铁线蕨。在 200 多种铁线蕨中，绝大多数都生长在美洲的热带森林里。由于爱尔兰西海岸有全年温暖的湾流，所以蕨类植物在这里有一片立足之地。

许多种类的蕨类植物在条件适宜的花园里长得很好。如果条件合适的话，外来品种也能在一些意想不到的地方存活下来。例如，在英国的迪恩森林里，有一处在地下埋藏了多年的煤矿层（里面蕴藏着许多蕨类植物的化石），这就制造出了一种温暖的小气候，因此蜈蚣草大量生长。而蜈蚣草一般是生长在地中海一带的。

# 水生蕨类植物

有几种蕨类植物生活在水中，它们看起来一点儿也不像典型的蕨类植物。水生三叶草的叶子形状很像三叶草，扎根在浅池塘的淤泥中。还有些种类的水生蕨类没有根，而是漂浮在湖泊、池塘和流速缓慢的溪流表面。在漂浮的水生蕨类中，有一个常见的品种是槐叶苹。它们成行排列的圆形叶片，会像一大块绿色地毯一样盖住水面。蚊蕨小小的叶片生长在一起，形成厚密的垫子。这些叶子长得如此繁盛，以至于蚊子的幼虫甚至无法探出头去呼吸。每片叶子都有一个圆裂片漂在水面上，还有一个圆裂片淹没在水中。水上的圆裂片上长有一些蓝绿藻，它们和蕨类植物之间是一种共生的关系。这种植物通常是绿色的，但是到了秋天会变红。

▲ 水生蕨类满江红有时候被称为蚊蕨，原产于美洲的热带地区。它们经常铺满池塘、沟渠和流速缓慢的溪流，就像绿色的地毯一样。

# 针叶和苏铁类植物

约6000年以前，针叶林覆盖了中国东北部、美国北部、加拿大、北欧和西伯利亚的大部分地区，在地球北端形成了一片绿色的海洋。如今，大部分林木已经被砍伐殆尽。在少数幸存下来的林木中包含一些世界上最古老的树种，它们都是靠种子繁殖的裸子植物。

现存的裸子植物分属于5纲。自从3.6亿年前地球上出现第一批种子植物以来，裸子植物就一直沿着不同的进化路线进化。大部分裸子植物都属于松柏纲，俗称针叶树。它们大约占世界

## 你知道吗？

### 树脂

很多针叶树都能分泌出一种被称为"树脂"的黏性液体，它们可以保护树木免受真菌和昆虫的侵袭。树脂是由遍布树身的树脂道分泌出来的。这些针叶树一旦受到损伤，树脂就会从伤口处溢出，进而形成一层保护性外衣。那些在伤口周围的真菌和昆虫很快就会被这种黏性物质包裹住。几个小时之后，树脂会硬化成一种半透明状的固体，而真菌和昆虫则永远地待在了这个密不透风的"坟墓"里。

◀ 黄山松是中国独有的针叶树种。它的生长方式非常奇特，它们能扎根在没有泥土的岩石缝里，枝丫都向一侧伸展，好像是在迎接客人的到来，因此得名"迎客松"。很多黄山松都生长在悬崖绝壁之上，这棵黄山上著名的迎客松距今己有1300多年的历史。

▲ 在加利福尼亚内华达山脉潮湿的山坡上，巨杉（俗称"世界爷"）拔地而起，远远高出与之相邻的其他针叶树。一些巨杉因异常高大而格外引人注目，它们甚至还有属于自己的个性化名字。"谢尔曼将军"高87米，是世界上最高的巨杉。图中这棵巨杉名为"格兰特将军"，高达80米。

森林总面积的 35%，并且具有重要的生态价值和经济价值。它们不仅维系着北方针叶林地带野生动物的生命，还能防止该地区土壤流失。此外，它们还生长在世界各地广阔的人造森林里，维系着纸张工业和木材工业的发展。裸子植物的其他分支还有苏铁纲、银杏纲、红豆杉纲和买麻藤纲其中包含有裸子植物中的一些最古老的树种，在买麻藤纲中包含有裸子植物中的一些最新树种。

## 种子植物

针叶类裸子植物由原始的孢子植物进化而来。它们具有复杂的生理结构，因此可以在许多不同的自然环境中生存。此外，它们的生殖成功率也有很大提高。与孢子植物不同，裸子植物的精子能够借助风力与卵细胞结合，从而摆脱了水的限制。此外，孢子植物用孢子繁殖后代，裸子植物则用种子繁殖后代。种子植物有两种类型：被子植物和裸子植物。这两种类型的植物都能生出健壮的多细胞种子。在适宜的条件下，这些种子会长成新的植株（幼苗）。

每粒种子里面都长有一个发育良好的胚和一套营养供应系统，在它们的外面则包裹着一层保护性"外衣"——种皮。

## 球果生产者

裸子植物一词源于希腊语，意思是"裸露的种子"。所有裸子植物（包括乔木、灌木和藤木）的种子都是由裸露在空气中的胚珠发育而成的。针叶树是裸子植物中最大的一个类群，它们的生殖器官通常长在球果（孢子叶球）的鳞片上。大多数针叶树都属于雌雄同株植物，即雄球果和雌球果生长在同一株体上。比如，在同一株松树上，能够产生花粉的雄球果通常簇生于较低处的树枝顶端，而在较高处的枝条上则生有能够产生卵细胞的雌球果。

松树的繁殖周期始于春季，这时的雄球果已经能够产生大量的花粉粒。风将花粉粒吹散到空中，其中的一些幸运儿会落到雌球果尚未发育成熟的胚珠上。授粉在一年之后进行，这时的花粉粒已经萌发出一根直通胚珠内部的花粉管，并到达卵细胞处。几个月之后，胚珠就会发育成种子。种子成熟以后，其中一些会借助风力散播到各处，另外一些则被动物（比如松鼠和鸟）带到别处。

## 针叶树

目前，世界上大约生活着550种针叶树。其中很多树种都生长在大型人造森林里，并且具有较高的经济价值。在北半球，松树、落叶松、云杉和冷杉都是比较常见的针叶树，而南半球的针叶树则以智利南美杉（南洋杉科）和罗汉松（罗汉松科）为代表。

针叶树种均为乔木或灌木。它们的次生组织（比如次生木质部和次生韧皮部）每年都会生长。你能在针叶树木材的横切面上看到同心圆状的环纹，它们记录了这棵针叶树的次生生长过程。复杂的维管系统将水分和养分输送到针叶树的各个部分。针叶树的叶子最为引人注目。有的叶子又细又长，呈针状；有的叶子非常小，并且像蛇鳞那样交叠在一起。

大多数针叶树所生长的地带，冬季漫长而寒冷，夏季短暂而潮湿。为了适应短暂的生长季节，它们的树叶终年不凋。所以，无论气候如何变化，它们都能进行光合作用。这种终年都保持有绿叶的树木被称为常绿树。为了适应相对干燥的气候，针叶树已经对叶子的形状和结构进行了"改造"。每片树叶的表面积都比较小，从而有利于减少体内水分的蒸发。此外，大多数叶片上都覆有一层厚厚的蜡质层。

## 针叶树的繁殖周期

　　针叶树的繁殖周期非常漫长。松树的繁殖周期（如图）需要 3 年才能完成：一年为雌球果生长发育期，一年为受精期，一年为种子的成熟期。

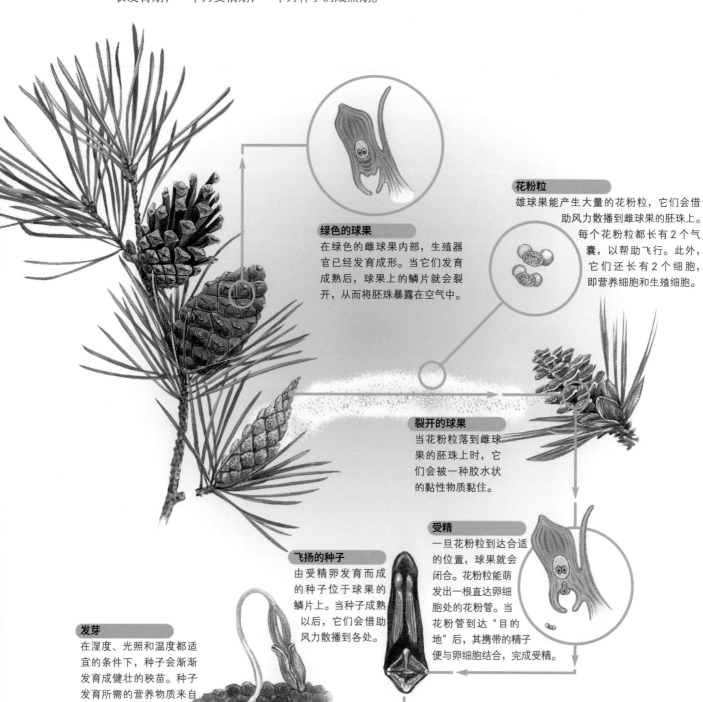

**绿色的球果**

在绿色的雌球果内部，生殖器官已经发育成形。当它们发育成熟后，球果上的鳞片就会裂开，从而将胚珠暴露在空气中。

**花粉粒**

雄球果能产生大量的花粉粒，它们会借助风力散播到雌球果的胚珠上。每个花粉粒都长有 2 个气囊，以帮助飞行。此外，它们还长有 2 个细胞，即营养细胞和生殖细胞。

**裂开的球果**

当花粉粒落到雌球果的胚珠上时，它们会被一种胶水状的黏性物质黏住。

**受精**

一旦花粉粒到达合适的位置，球果就会闭合。花粉粒能萌发出一根直达卵细胞处的花粉管。当花粉管到达"目的地"后，其携带的精子便与卵细胞结合，完成受精。

**飞扬的种子**

由受精卵发育而成的种子位于球果的鳞片上。当种子成熟以后，它们会借助风力散播到各处。

**发芽**

在湿度、光照和温度都适宜的条件下，种子会渐渐发育成健壮的秧苗。种子发育所需的营养物质来自它们的内部组织。

# 球果和针叶

　　针叶树已经在地球上生活了数百万年。为了适应周围的自然环境，它们对球果和叶片进行了"改造"。

**海岸红杉**
海岸红杉的球果只有 2.5 厘米长，叶片则沿着树枝排成两列。

**刺柏**
刺柏的种子被包裹在肉质球果里。鸫和松鸡非常喜欢觅食刺柏的球果。最终，种子会随着它们的粪便散播到各处。

**美国扁柏**
美国扁柏的球果较小，呈圆形，通常成簇地生长在一起。它们的叶子呈鳞状，交互对生，而且几乎贴伏在树枝上。

**辐射松**
辐射松的鲜绿色针叶足有 15 厘米长，而且每 3 针为一束。受精后的球果长达 15 厘米，并且会一直留在树上很多年。

**欧洲云杉**
欧洲云杉（圣诞树）的针叶为鲜绿色，枝条比较浓密。发育成熟的球果能产生 350 枚种子，之后它们会借助风力散播到各处。

**黎巴嫩雪松**
在黎巴嫩雪松的树枝上，长有许多莲座状针叶丛，每一个叶丛都是由若干枚呈螺旋状排列的针叶形成的。它们的球果成熟后，仍旧在枝条上保持着直立的形态。当鳞片脱落以后，枝条上会留下直立的木质茎。

▲ 在很多针叶林里，树与树之间挨得太近，以至于阳光无法透进来。很少有植物能在这种阴暗的环境里存活下来。所以，针叶林的地面层一般都很稀疏——只有少数灌木、蕨类植物、藓类植物和草类植物能在这种微弱的光线里生存。

▲ 智利南美杉（南洋杉科）和罗汉松（罗汉松科）是原始裸子植物中的残留物种，过去生长在被称为"冈瓦纳古陆"的超大陆上。如今，澳大利亚、巴西和智利都把智利南美杉（如图）当作木材树进行栽植。

# 南北相会

世界上分布面积最广的森林，是生长在北半球寒温带的针叶林。它们就像是一条绿色的带子横贯欧亚大陆，直达远东。被它们覆盖的地域长约5800千米，宽约1300千米。在这条绿色带的北部，主要生长着刺柏（刺柏属）和云杉（云杉属），而在它的南部，云杉和冷杉（冷杉属）、松树（松属）、雪松（雪松属）混生在一起。针叶林的树冠层终年常绿，因此，它们的地面层通常非常阴暗。针叶林里还生活着少量落叶树，比如落叶松（落叶松属）。它们的存在使阳光能在冬季的时候照射到地面上。

生活在这片森林里的很多针叶树都借助小型哺乳动物和鸟类（比如鹇、鸦和雀）散播种子。刺柏的球果呈肉质，上面的鳞片紧密聚合，看上去有些像浆果。当鸟儿们吞下这些球果后，种子会"毫发无损"地穿过它们的消化系统，最终随鸟粪散落到地上。在苏格兰的卡利多尼亚森林里，苏格兰松（欧洲赤松）和苏格兰交嘴鸟之间也形成了一种非正式的共生关系。苏格兰交嘴鸟喜欢啄食苏格兰松的种子，那些没被"选中"的种子便被遗留在地上。苏格兰松为苏格兰交嘴鸟提供了食物，作为回报，苏格兰交嘴鸟将它们的种子散播到各处。

在温带、亚热带和热带地区也生有针叶林。美国加利福尼亚州和俄勒冈州的西北沿海一带，气候比较温暖。在这里，生有大面积的道格拉斯冷杉（花旗松）、香雪松（雪松属）和红杉。海岸红杉（北美红杉）生长在雾气弥漫的迎海面山坡上或者山谷里。它们是世界上最高的树，通

▲ 大多数针叶树的种子都长在其木质球果的鳞片上，而这种来自阿根廷的罗汉松的种子却长在它们那白色的肉质球果的顶部。

▲ 很多针叶树都已经适应了这种寒冷的气候。它们的叶子的表面积都比较小，从而可以减少体内热量蒸发。叶片上通常还覆有厚厚的蜡质层，可以较好地抵御严寒。它们的枝干向下倾斜，因此降落到上面的雪会慢慢滑落下去。

## 大开眼界

### 活化石

20 世纪 40 年代，科学家在中国四川省一个遥远的山谷里发现了水杉。之前，人们对水杉的了解仅限于一些化石。如今，欧洲的很多花园里都栽有被科学家誉为"植物活化石"的水杉。

## 落叶针叶树

少数针叶树（比如落叶松）属于落叶植物，这意味着，它们的叶子会在冬季时凋落。

常能长到 91 米高。它们的亲戚巨杉（世界爷）分布于加利福尼亚州内华达山脉西部。巨杉是世界上最大的树，也是存活着的最大的生物体。那些树龄超过 4000 年的巨杉重约3000 吨。

在亚热带和热带，针叶林的生长环境都比较潮湿。落羽松（美国水松）生长在佛罗里达大沼泽地里，智利南美杉则生长在热带雨林里。

## 针叶树的形状

针叶树都是乔木或灌木，我们可以通过树形、大小、树叶、球果和树皮等加以区分。有些品种长得非常高大，比如加利福尼亚红杉。有些品种长得比较矮小，比如新西兰矮松，它们即使在成年后也只有10厘米高。

**宽宽的"肩膀"**
普通红豆杉的宽度通常大于它们的高度，这使它们看起来"又矮又胖"。

**"子弹头"**
科罗拉多白冷杉高大挺拔，树形呈圆柱状。它们在北美洲能长到45米高。

**"平顶"**
苏格兰松能长到40米高，且枝条广展。那些树龄较大的苏格兰松，其较低处的树枝通常已经脱落，树冠成平顶形状。

**"隐藏"起来的树干**
高山铁杉能长到20米高，树形为圆锥状。它们的枝条又长又密，并且从树冠处一直延伸到地面，从而将树干"隐藏"起来。

**平展的树枝**
在野外，黎巴嫩雪松能长到40米高。它们的树冠比较宽阔，树枝向外平展。

## 祖先与后代

　　目前，人们仍然不清楚裸子植物的祖先到底是谁。许多植物学家认为银杏类植物是由已经灭绝了的种子蕨进化而来的。但是，买麻藤类植物的起源仍然是个谜。

**银杏**

银杏，又称白果树（银杏属）。它们是世界上最古老的树种之一，同时也是银杏纲植物中唯一的幸存者。野生银杏几乎灭绝。但是，在欧洲和北美洲以及中国北方的公园和植物园里却培植了大量银杏。银杏的叶片非常漂亮，呈扇形；它们的球果较小，为圆形。

显轴买麻藤的阔叶

**买麻藤纲**

买麻藤纲分为 3 个目：买麻藤目、麻黄目和百岁兰目。所有这 3 个目的植物都具有比其他裸子植物更为高级的内部组织——次生木质部具有导管。一些买麻藤类植物的球果与花非常相似，有些品种（比如显轴买麻藤）则长有与许多开花植物相似的阔叶。

## 苏铁类植物

　　苏铁是一种小型树状植物，几乎很难长到 10 米高。在距今 2.45 亿年前的三叠纪时期，苏铁类植物非常兴盛。但是，如今只有 140 种苏铁植物存活下来。虽然它们遍布澳大利亚以及美洲和非洲的热带地区，但不幸的是，其中一些品种已经濒临灭绝。

　　苏铁类植物属于雌雄异株植物，也就是说，它们的雄性生殖器官和雌性生

▲ 生长在陡峭的山脉斜坡上的针叶树通常比较矮小，这是因为这些地方的土壤大都比较贫瘠，从而阻碍了它们的生长。

### 稀有物种

　　苏铁类植物的祖先曾经广泛地分布于美洲的亚热带地区。如今，这种长着羽毛状树叶和椭圆形球果的全缘大苏铁已经很难看见了。

▲　如今，在南非已经很难看见野生苏铁（如图）了，这是因为大多数野生苏铁都已经被移植到私人花园里。在齐齐卡马大森林里的一个海岸保护区内发现了一片仅存的野生苏铁存活地。

殖器官分别生长在不同的株体上。在雄性植株和雌性植株的茎顶都生有球果。来自雄性球果中的花粉粒会借助风力或者昆虫散播到雌性球果处。与针叶树一样，它们的花粉粒也会萌发出一个直达卵细胞处的花粉管。

# 开花植物

虽然成群的昆虫掠食它们的花粉，大量的动物咀嚼它们那多汁的果实，可是开花植物却成功地利用自身条件，成为当今世界上最具优势的植物群体。

开花植物（又称为被子植物）的种类有 23.5 万种，从巨大的阔叶树到数毫米的浮萍，它们的形态和大小各异。这些植物不仅在形态上具有多样性，还能适应不同的生活环境：仙人掌和灌木主要生长在干旱和半干旱的沙漠及灌木丛林中；莎草和灯芯草生长在温带和亚热带的湿地与沼泽里；而遍布高山牧场的草本植物（非木本）却在短暂的生长季节里开花。

在 1.2 亿年前就有了开花植物，当时地球上还有恐龙。这些早期的开花植物，在进化过程中，慢慢地具有了复杂的维管束。它们靠这些维管束获得水分和有机营养成分，并通过花、种子和果实进行繁殖。于是，开花植物迅速遍布各地，并形成草地、林地和热带雨林。但是直到 8000 万年前，当我们今天所知道的动物开始进化时，开花植物的数量和种类才迅速地增多。

▶ 在温带地区的常绿草甸上，每逢夏季，毛茛、雏菊、老鹳草和草类植物就会组成一片五彩缤纷的花的海洋。

在并行发展的进化过程中，许多开花植物与动物形成了一种非常特殊的，也非常复杂的关系。蝴蝶和蜜蜂在获取花蜜与花粉的同时，也协助开花植物进行异花授粉。很多哺乳动物和鸟类以开花植物鲜美的果实为食，同时，通过动物的食用，植物也达到了撒播种子的目的。如今，大多数动物，包括人类，都直接或间接地依赖开花植物。它们为我们提供食物、衣物、住所和药物。

## 开花植物的分类

按照传统的划分，开花植物被分成了两个不同的群体：一种是单子叶植物纲（单子叶植物），这类植物长着平行叶脉的细长的锥形叶片和一片子叶；另一种是双子叶植物纲（双子叶植物），它们长着分支叶脉的阔叶和两片子叶。草类植物、棕榈植物、兰花和鸢尾属植物都是单子叶植物，而阔叶树、紫菀、仙人掌和蔷薇科植物都是双子叶植物。

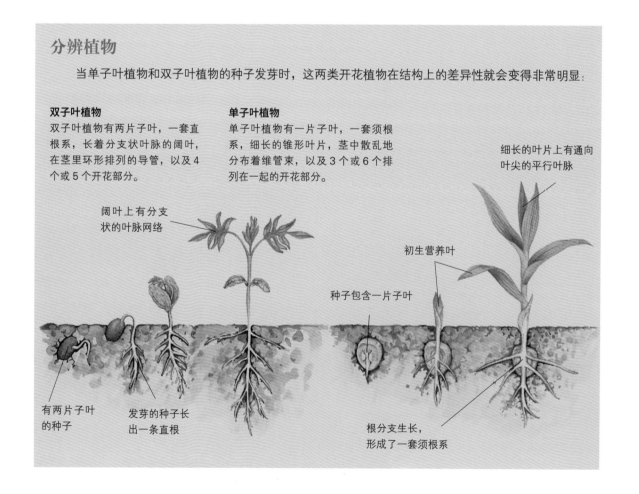

### 分辨植物

当单子叶植物和双子叶植物的种子发芽时，这两类开花植物在结构上的差异性就会变得非常明显：

**双子叶植物**
双子叶植物有两片子叶，一套直根系，长着分支状叶脉的阔叶，在茎里环形排列的导管，以及4个或5个开花部分。

**单子叶植物**
单子叶植物有一片子叶，一套须根系，细长的锥形叶片，茎中散乱地分布着维管束，以及3个或6个排列在一起的开花部分。

阔叶上有分支状的叶脉网络

有两片子叶的种子

发芽的种子长出一条直根

种子包含一片子叶

初生营养叶

细长的叶片上有通向叶尖的平行叶脉

根分支生长，形成了一套须根系

▲ 在北极圈的岛屿上只有 40 种或 50 种开花植物，它们在这种严寒的环境中成功地生存了下来。为了抗寒，大多数开花植物，如极地罂粟和千屈菜，都长成了小小的垫状团块形状。

园艺师们更喜欢根据植物的生长习性和开花周期，用一些宽泛的概念对开花植物进行分类，如有的生长时间较短，一年只开一次花，它们是一年生植物；有的是肉质根的鳞茎、球茎和块茎植物；还有的是木质茎的灌木和树木。在后面，我们将对这些开花植物的科目做更详细的介绍。

植物学家们根据一些特殊的生物特征，将植物归类在不同的科中。例如，十字花（甘蓝）科的植物都长着独具特色的马耳他十字形的四瓣花；豆（豌豆）科植物结出的豆类果实像豆荚；禾本（草本）科植物的花高度变形，这些花的花瓣已经萎缩或者根本就不存在了，而它们的果实通常是种子状的颗粒。

▲ 热带雨林中的常绿阔叶林，为上千种开花植物提供了一个有生命的支架。在图中显示的植物中，有兰花植物和凤梨类植物，此外还有开的木质掌缘植物。

## 花的用途

很多开花植物都可以通过花的大小、形状和结构加以辨认。为了便于辨认植物，植物学家用花图式记录花的结构。每个花图式都显示某一种花的截面图。一些花图式是通过从顶部俯瞰，记录下花的各个部分的数量和位置。另外一些花图式则显示把花从中间剖开时的侧面图。

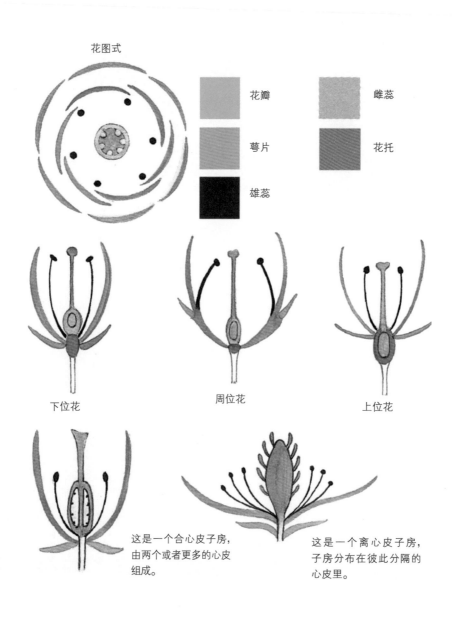

花图式

花瓣

雌蕊

萼片

花托

雄蕊

下位花

周位花

上位花

这是一个合心皮子房，由两个或者更多的心皮组成。

这是一个离心皮子房，子房分布在彼此分隔的心皮里。

## 花的排列方式

　　植物的花是按照很多种方式来排列的。有些花长在花茎的顶上，有些花组合在一起，它们分别形成了如图中的一些花序。

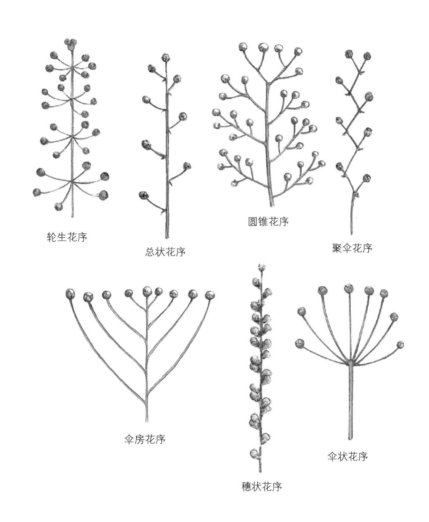

轮生花序

总状花序

圆锥花序

聚伞花序

伞房花序

穗状花序

伞状花序

# 常见的开花植物

　　开花植物有300多个科目。但是在所有的开花植物中，有一半多的品种只属于最常见的20个科目。在这20种开花植物中，最为常见的又有四种，它们是双子叶的菊科植物、玄参科植物、单子叶的兰科植物、百合科植物。这些植物的主要特征如下：

▲ 仙人掌靠茎里储存的水分度过干旱时期。每逢干旱，更小的植物便以种子的形态进入休眠状态。在降雨时，这些种子就发芽、开花，并在土壤干旱之前完成繁殖任务。

菊科植物大约有 2.5 万种。从热带、亚热带的半干旱地区，到非洲、南美洲和澳大利亚的林地与草地，它们遍布在世界各地。在它们中，有一些是灌木和小树，但大多数都是草本植物，如蒲公英、雏菊、向日葵（一年生向日葵属）。它们最显著的特征是单叶和高度进化的头状花序。对于没有专业的植物学知识的人来说，每个花序看起来都像是一朵花，但实际上它们是由数量众多的单个小花组成的。

玄参科植物（洋地黄）包括大片生长在北温带的药草、灌木和木质攀缘植物（藤本植物）。它们的花通常排列成总状花序或者聚伞花序。而且为了便于昆虫的授粉，很多花还有特殊的适应性。

兰科植物（兰花）大约有 1.8 万个品种。除了南极洲，它们遍布世界各大洲。那些生活在温带地区的兰花一般长在地上，而且它们的根和真菌形成一种共生关系。在热带地区，大多数兰花都是附生植物，它们生长在树干或树枝上。

所有的兰花都是多年生草本植物，它们的单叶像外壳一样环绕着茎。虽然这些花儿的形状、大小、颜色各种各样，但它们都有一些最基本特征，很容易被人辨识出来，因为每朵花都有三瓣花和三个萼片，其中第三个萼片如唇形，它在颜色和形状上都不同于其他两个萼片。

全世界大约生长着 3500 种百合科植物，除了寒冷的环境，几乎到处都有。大多数百合科植物都是多年生草本植物，而且很多植物都有凸起的储存器官，如鳞茎、球茎、根茎或肥大的肉质根，这些器官能使它们在干旱或寒冷的气候中进入休眠状态。在各个方向上，它们的花都呈对称状态，是辐射对称的；它们的三瓣花看上去都很相似；在三片花萼中，有两片形成两个轮生体，组成花被。

辐射对称的花在各个方向上都是对称的，它们具有放射对称的性质。

两侧对称的花，仅在一个方向上是对称的，它们具有两侧对称的性质。

合瓣花的花瓣融合在一起，形成了一个管状物。

## 叶子聚焦的方式

　　虽然叶片有很多的形状和大小，但它们有一点却是相同的，那就是它们都进行光合作用。叶子将阳光、二氧化碳和水转变成能为植物提供能量的养料。很多植物，尤其是阔叶树，能够通过它们的叶子加以辨认，所以植物学家发明了一套术语，用来描述这些植物的形状、边（缘）、叶脉式样，以及它们依附在植物茎上的不同方式。它们可能只是一个简单的叶片，也可能是由许多小叶片（从一个芽上生长出来）复合生长在一起的，还可以成对或单个地依附在植物茎上。

| 1 | 二回三出状 | 11 | 匙形 |
| 2 | 二分状 | 12 | 平截状 |
| 3 | 交替状 | 13 | 披针形 |
| 4 | 莲座型叶丛 | 14 | 箭头形 |
| 5 | 抱茎状 | 15 | 线形 |
| 6 | 对生状 | 16 | 指状 |
| 7 | 两羽状 | 17 | 浅裂状 |
| 8 | 羽状 | 18 | 盾状 |
| 9 | 羽状半裂形 | 19 | 长椭圆形 |
| 10 | 具三叶状 | 20 | 心脏形 |
| | | 21 | 卵形 |
| | | 22 | 椭圆形 |
| | | 23 | 圆形 |
| | | 24 | 剑形 |
| | | 25 | 掌形 |
| | | 26 | 倒卵形 |

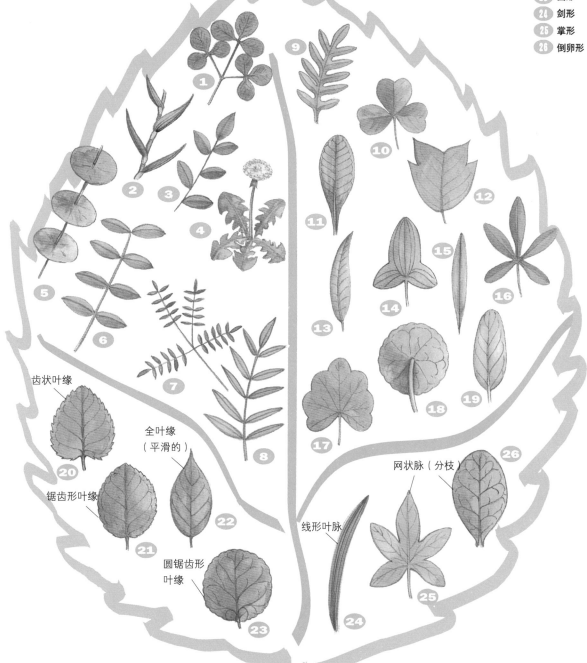

齿状叶缘

全叶缘（平滑的）

锯齿形叶缘

圆锯齿形叶缘

网状脉（分枝）

线形叶脉

# 棕榈科植物

在热带的度假胜地，大多数人把棕榈视为遮阳纳凉的最佳选择。但在那些热带天堂的居民眼中，棕榈是植物王国里的王子，因为这类植物能为他们提供有用的物品。它们的水果和花可以被用来作为上百种饮料的配方，它们的树干和叶子可以为房屋和家具提供建材。

棕榈植物一共有200多个科，2600多个品种。从15厘米高的巴拉圭袖珍椰子葵，到安第斯山脉上高达60米的红槟榔，棕榈植物有各种不同的形状和大小。它们都是木质的多年生植物，通过种子进行繁殖。在热带和亚热带地区，到处都可以看见它们那高直挺拔的树干以及树干顶上的树冠。在棕榈植物中，只有少数几个品性坚韧的物种，才能生活在较为寒冷的温带地区，如中国的风车棕榈和北美洲的刺葵。

## 棕榈植物的栖息地

大多数棕榈植物生长在潮湿的热带雨林里。像椰子这样的高大挺直的棕榈植物，往往在森林的树冠上方伸展自己的树叶；像藤棕这样的攀缘棕榈，为了获得阳光，利用身上的钩和刺，

◀ 椰子树遍布南太平洋的海滨地区，利用洋流撒播自己的种子。人们种植这种植物已经长达数千年之久，它们的叶子、花、树干和果实都有多种用途。

把自己拉伸到较低的树冠之中；喜阴的棕榈则长着巨大的叶片和矮短的树干，它们躲藏在森林地面那微弱的光线中。

　　其他的一些棕榈植物则生活在开阔之地。在伊拉克、伊朗和埃及等国家的沙漠中的绿洲上，人们种植海枣树以收获它们那富有营养的果实。非洲棕一簇一簇地生长在非洲草地和大草原上。在进化中，许多种类的棕榈都适应了这种开阔的生长之地。例如，生长在巴西色拉多灌木林中的卡撒多棕，它的树干长在地下，这样能在当地频发的森林火灾中保护自己。古巴裙棕的叶片上生有一层厚厚的蜡质外衣，这样可以防止它们在干热的天气中散失水分。墨西哥的瀑布棕生活在水岸边，叶片狭长，能保护自己免受季节性洪水的侵袭。

▲ 这种大型的两羽状叶片属于鱼尾葵，这种植物广泛生长在印度和东南亚地区。它那不同寻常的优美叶片类似于蕨类植物，因为大多数棕榈植物的叶片都是扇形（掌状的）或者羽毛（羽状的）形状的。

▲ 在非洲半干旱的草地上，四处可见非同寻常的埃及叉干棕属的棕榈植物，它能够形成分枝的树干。

## 单子叶树

棕榈植物的非同寻常之处在于它们全都是单子叶植物，而其他的大多数开花植物都是双子叶植物。因此，棕榈植物的生长发育和结构，都不同于别的大多数树木。当棕榈植物的幼苗刚刚长出地面后，它们先要在紧挨地面的高度上停留若干年时间，而这时，它们茎干的顶端（顶点，也被称为棕榈植物的心脏）会通过不断长出叶片来使茎干的直径增粗。一旦它们的茎干顶部达到了临界性的大小，棕榈植物的茎干就会开始迅速地向上生长。单子叶植物的茎干并不像双子叶植物那样每年都会增粗，在它们的一生中，茎干的尺寸差不多都是一样的。所以，无论棕榈植物会长多高，它们的茎干再也不会增粗。

棕榈植物叶片上的叶脉纹理是平行的，而不像典型的双子叶植物叶片有分支的网状叶脉。许多棕榈植物都有大大的羽状或手掌状的叶片。例如，酒椰的叶片是世界上最大的，能规律性地长到20～25米。羽状叶有两排小叶，它们在一个中心茎（叶轴）的两边相对生长；掌状叶则有好几片或者部分或者完全分开的小叶，它们排列成一把展开的扇子形状。

大多数棕榈树在成熟后都会有规律地开花。它们会在树干的一个花序上开出大量小花。一般来说，这些花都有鲜亮的色彩和芬芳的气味，这样才能吸引昆虫前来授粉。棕榈植物要么会结出数量有限的大大的果实，如椰子；要么会结出大量的小果实，如枣椰子。这些果实会通过水流、重力、鸟类、爬行动物、哺乳动物等传播出去，偶尔鱼类也会把它们带走。

◀ 伞干顶榈树的花序可高达6米，宽10米，是世界上最大的花。这种植物的花的数量介于100万朵到1000万朵之间。

# 什锦果实

棕榈果实的形态大小各异，茶马椰子的果实只有豌豆那样大，海椰子的果实则重达 20 千克。它们要么是单种子的果实，要么是多种子的核果，种子的传播方式也多种多样。

### 海底椰
每个核果都有两粒种子，这是地球上最大的种子。

### 寿司槟榔
它的果实枝条长在冠轴下，互相紧紧挤在一起。

### 红树棕榈
种子先生长在树上，成熟后掉进海里传播出去；在生长初期，有变形的叶片保护花序。

### 印度姜果棕
这种外形古怪的果实，人和大象都能吃。

### 三角椰
细小的卵形果实长在老花茎上。

### 布袋槟榔
花和果实通常同时生长在茎干基部附近，在生长初期，有变形叶片保护花序。

# 食肉植物

几乎在全世界的每个生态环境中，都会有成千上万的植物被动物吃掉。不过，大约有630种开花植物进化出了一种"报复"性的食肉生理机制。它们吃肉，尽管大多数时候，已经死去的昆虫并不合它们的胃口。

绿色植物利用太阳的能量将空气和土壤中的元素变成生命的养料，换句话说，它们自己为自己制造食物。然而，在某些生态环境中，比如潮湿的泥炭沼、贫瘠的高沼地，以及那些常年被雨水浸泡的山坡，几乎没有什么营养物质可供植物为自己制造食物。这些古怪的地方似乎都不适合植物生长，但是有一些植物却是例外，而且它们甚至能够在这些地方茁壮成长。它们是植物王国中的"食肉者"，被称为食肉植物。实际上，大多数的食肉植物只吃小苍蝇、蚊子、胡蜂、蚂蚁这样的昆虫（它们是食虫植物）。

▲ 当某条触须被一只毫无防备的昆虫触碰两次（或者数条不同的触须被触碰一次）后，捕蝇草的带有齿状物的圆裂片就会在1/30秒的时间内关闭。貉藻可以在不到1/1000秒的时间里以令人吃惊的速度猛然闭合自己的圆裂片。

▲ 圆叶形的茅膏菜生长在多沼泽的酸性土壤中（通常生长在泥炭藓的周围）。它们那黏黏的腺毛会朝内卷曲，并将苍蝇困在"陷阱"中，然后将这些昆虫推向位于"陷阱"中央的消化腺。

食肉植物并不能像动物一样外出猎捕自己的食物，不过，它们可以设下陷阱来诱捕从自己身边经过的昆虫。这可能是一种被动式的诱捕，就像在肉店中挂着的黏黏的捕蝇纸一样，或者是一种主动式的诱捕，就像装有弹簧的捕鼠器一样。

澳大利亚的食虫植物彩虹草利用一种简单的被动式诱捕机制来捕捉猎物。地下根茎使它们即使在干旱和森林大火中也能生存下来。它们那浓密的芽每年都会生长出来，芽上遍布着腺毛，从这些腺毛上会渗出黏液。在阳光下，这些一小滴一小滴的黏液，闪闪发光，就像无数粒珠宝一样，但是，它们却是引诱昆虫走向死亡的陷阱。那些爬进或停留在这种植物的茎、叶，甚至粘有黏液的花萼上的昆虫，都会被它们"杀死"。

许多多年生球茎植物，都是利用这种方式来诱捕昆虫的，比如茅膏菜。它们也长有腺毛或者触毛，尽管大多数茅膏菜的腺毛都长在它们的特殊叶片上。不同之处在于，它们那些像线一样的或者圆盘状的"陷阱"表面能够移动。在捕食的时候，"陷阱"会朝内弯曲，使更多的腺毛能够接触到"猎物"。

欧洲和中南美洲的捕虫草在潮湿的环境中茂盛地生长，它们长着多油脂的黏黏的叶子，当昆虫一接触到叶子，叶片就能蜷缩起来。它们还能散发出像蘑菇一样的气味，以此来吸引食用菌类的昆虫，以及其他的小昆虫。黏虫荆属植物的黏液闻起来像蜂蜜，能够诱惑更多的昆虫。

对另外一种食肉植物捕蝇草来说，气味很重要。它们生长在美国北卡罗来纳州和南卡罗来纳州的大草原上。不过，香甜的花蜜分泌物只是它们诱捕食物的部分机制。一旦被花蜜的气味吸引，飞到它们身上的昆虫就会被它们以主动诱捕的方式捕获，这种植物会将昆虫紧紧夹住。这种植物的"陷阱"由两个叶状的圆裂片构

▲ 北美洲的紫色瓶子草在 1640 年时就被引进到了欧洲。花房中的园丁们从那时起就因这些食肉植物而着迷，他们经常用手拿着死掉的苍蝇或者小块生肉喂食它们。

▲ 猪笼草利用含有酶的分泌物和细菌来帮助自己消化落入它们"陷阱"中的被淹死的小型飞虫以及爬行的蚂蚁。然后，这些"汤"再被它们吸收。

## 水下的"戏剧"

狸藻属植物是一种自由漂浮的植物，生长在溪流、池塘、沟渠和沼泽中。在水面上，它们长长的茎上长着好看的黄色花朵，看上去非常淡雅。但是在水下，它们却与猎物进行着生死较量。

**风袋**
像气球一样的透明囊状物藏在水下像叶子一样的根须中，等待细小的水蚤或者蚊子幼虫落入它们的"陷阱"。

**奇特的"陷阱门"**
在朝内打开的"陷阱门"的入口处，长有几根敏感的腺毛。

**朝内吸收**
当它们的某根腺毛被碰触后，"门"就会打开，释放出囊状物中的部分空间，然后水就会携带着"受害者"流进囊状物，"门"随后就会马上关上。

**真是美味**
通过特殊的腺体，囊状物被慢慢地清空，细菌与化学物质组成的混合物能帮助消化这餐美味。

成，它们可以围绕中心轴转动。在每个圆裂片的边缘都长有长长的、细细的齿状物，它们彼此交织在一起，形成了一个"笼子"，于是，"猎物"就无法逃脱了。

还有一种主要的诱捕机制也是一种消极的陷阱，或者说它就像一种诱捕龙虾的笼子。东南亚、马达加斯加和澳大利亚的猪笼草就是利用这种诱捕机制的典型。有一些猪笼草能爬升20米高，另外一些则沿着地面匍匐生长，这些多年生植物都长有很好看的叶片。中央叶脉沿着叶片延伸形成卷须，卷须盘绕在一起，最终固定在某一处地方。在卷须的尖端是一个喇叭状的"蒴壶"或"瓶状叶"陷阱，顶部长有一个伞状的叶盖。在叶盖的下方有花蜜腺。这个"陷阱"中有一条不可穿越的、卷曲的边缘。昆虫一旦掉进这个"陷阱"，就会在像香蕉皮一样的内壁上滑行，并掉入"水池"中，然后被淹死。它上面的叶盖能够防止"陷阱"中的"池水"由于雨水的流入而溢出。眼镜蛇草和瓶子草都有相似的"陷阱"结构。在它们的"陷阱"边缘，都有向下生长的腺毛，能进一步防止落入"陷阱"中的昆虫逃跑。

为了从动物的身体中把营养汲取出来，食肉植物都有简单的消化系统。在捕蝇草这类植物的"陷阱"中，可以把消化腺产生的酶分泌到被诱捕的动物身上，从而将动物溶解成液体，然后再吸收。其他植物，比如太阳瓶子草以及眼镜蛇草，在它们潮湿的"陷阱"中含有细菌，能帮助分解昆虫的身体。

这些植物都含有叶绿素，所以在没有动物性食物的时候，它们也可以靠正常的光合作用生存一段时间。它们在繁殖的时候，也能像其他植物一样开花。比如瓶子草的花很像兰花，捕蝇草的花很像小小的紫罗兰。

# 粮食和饲料植物

有的人或许不太爱吃直接用稻谷或蔬菜制成的食物，而更加青睐鲜嫩的肉类食物。但粮食仍然是地球上75%的人口的能量来源。此外，为我们提供各种肉食的动物也是吃谷物或草料长大的。

所有的粮食（谷类）作物都属于禾本科，它们可食用的种子养活了地球上75%的人口。最重要的粮食作物有小麦、水稻、黑麦、谷子、玉米、大麦、燕麦和高粱，它们占据了全球大约一半的农田面积。后面四种作物也是重要的草料（动物饲料）。

小麦是小麦属植物。这种一年生禾本科植物能长到1米高，麦粒颜色有白色、黄色，也有红色。早在史前时期人们就开始种植这种作物，今天的农民可以根据当地的土壤和气候状况，从众多品种中选择最高产的那种。最具商业价值的品种是普通小麦和硬麦，后者常被用来制作通心粉。

稻属植物水稻是世界上接近半数人口的主要粮食。普通水稻的植株能长到1米高；它们长着又长又尖的叶片以及细长的种子，种子长在沉甸甸的稻穗中，每束稻穗长在一根独立的梗

◄ 一位游客正在一个果园里兴致勃勃地采摘葡萄，在中国的很多地区，让游客亲自到果园采摘水果已经成为一个特色的旅游项目，大受游客的欢迎。

▲　石榴的红色果实里有很多种子，每粒种子外面都包着一层甜甜的、淡红色的可食性浆状物。不可食用的外皮常被用来制作工艺品和一些药物。

▲　木瓜硕大的果实可以重达9千克。木瓜树原产于美洲，如今在热带地区被广泛种植。

上面。

　　黑麦与小麦、大麦都有亲缘关系，但与小麦、大麦不同的是，它必须通过风进行交叉授粉。它的种子长在开花的小穗里，这些小穗又长在一束纤细的穗上。黑麦比其他谷物都要硬，它们生长在欧洲北部和亚洲。

　　谷子在亚洲、东欧和西非是一种重要的粮食作物。它的穗长在高达 3 米的茎上。珍珠粟是植株较高的品种，它在美国被用作饲料，在非洲、亚洲的一些地区被当作粮食。

　　在美国，种植面积最广的农作物是玉米（玉蜀黍属）。多数禾本科植物都长着空心的茎，但玉米的茎却是实心的。玉米植株的高度从 60 厘米到 6 米不等，成熟的穗可能只有 7.5 厘米长，也可能令人吃惊地长到 50 厘米长。

　　大麦是最古老的农作物之一，属于大麦属。它们可以成行种植，也可以杂乱地成片种植。大麦抗干旱，生命力很顽强。燕麦（燕麦属）大约有 50 个品种，其中约有 25 种生活在气候凉爽的温带地区。燕麦的种子常被用作饲料或者制成供人类食用的谷类食品。大约 5000 年以前，中东和欧洲的农民们就利用野生燕麦培育出了适于耕种的燕麦。

▲ 玉米的雌花花序叫作耳穗。在一个玉米棒上，可以长多达 1000 粒的种子。在欧洲人到达美洲之前，玉米是当地土著居民的主要食物。

▲ 腰果需要手工采摘。这种坚果的两层皮之间的油会让人的皮肤起泡。图中，巴西的果农将采摘下来的腰果用绳子悬挂起来。

最初，高粱（蜀黍属）仅仅作为粮食作物生长在非洲和亚洲，但是现在，它们在美国被当作非常重要的牲畜饲料。这种高大的一年生禾本科植物在热带地区很有价值，因为在炎热干旱的时期它们可以进入休眠状态，等到条件适宜时再继续生长。甜高粱的茎中含有一种很甜的汁液，这种糖浆可被用作蔗糖的替代品。

## 牲畜的饲料

很多农作物都被用来制作动物饲料，它们可以是新鲜的草料，也可以是干草料，以及发酵的青贮饲料。干草料和青贮饲料在温带地区更为普遍。这类作物中最重要的是豆科植物（包括苜蓿、车轴草等）和禾本科植物。豆科植物是仅次于草类植物的第二大经济作物。种植饲料作物的农民们通常轮番耕作草类植物和豆科植物，因为豆科作物能够改善土质。

苜蓿是最重要的营养性饲料农作物之一。这是一种生命力顽强的植物，它的根能在土壤中伸展 9 米长，这让它即使在旱季也能找到水分和养料。它是一种生长于亚洲西南部的多年生草本植物，长着三片小叶和蓝色的花簇。

人工种植的草类作物包括梯牧草、鸭茅（又叫鸡脚草）、雀麦草、高大的羊茅和蓝草。其中，梯牧草是制作干草料的重要作物，最有名的梯牧草是猫尾草和生长在北美的高山梯牧草。

## 蔬菜作物

很多绿叶植物都有可食用的部分，比如叶、茎、根、块茎、鳞茎和花。西红柿是果实，豌豆是种子，但通常它们也被归为蔬菜类。

莴苣有四种常见的类型——卷心莴苣、散叶莴苣、长叶莴苣和莴笋，它们都属于菊科植物中的山莴苣属。菠菜是另外一种叶子可食的蔬菜作物，菊苣则长着和莴苣一样的菜头，它内侧的叶子可以用来做沙拉。

芹菜是伞形花科的成员。在野生环境下，它的茎是绿色的，带有苦味，但是如果进行人工培养，使其在生长后期避开阳光，它们就能保持洁白和甜味。

人们把根、块茎和鳞茎从地下挖出来，制成了许多美味的菜肴。人和动物都喜欢食用甜菜多汁的根，甜菜还被用来作为一种制糖原料。胡萝卜是一种膨大的主根。马铃薯长着富含淀粉的块茎，它们是大多数温带地区的常见食物。此外还有很多长着食用根的植物，比如甘薯（地瓜）、萝卜、芜菁甘蓝和蕉青甘蓝。

▲ 大豆是世界上最重要的豆类植物，有上亿的人和动物都以它为食。大豆是蛋白质含量最丰富，也最廉价的食物。

甘蓝包括很多有亲缘关系的品种。普通甘蓝（卷心菜）的叶片颜色可能是白色或绿色的，也可能是紫色或红色的，而叶片形状则可能是长方形、椭圆形或圆形的。花椰菜是甘蓝的变种，是一种长着绿色菜头的粗茎分枝植物。花椰菜植株的大部分均可食用，包括花蕾。而菜花只有头部可食。

作物为人们提供果实和种子。例如，青豆（豌豆）的可食部分是它们的种子，糖豌豆长着可食用的豆荚。

很多豆类植物都能结出富含蛋白质的豆子。最常见的是蚕豆，它在世界各地广泛种植。从经济价值上看，世界上最重要的豆类植物是大豆，它是丰富的蛋白质来源。与其他豆类不同，大豆不含淀粉，所以它是糖尿病患者们的理想食物。大豆植株的高度从几厘米到 2 米不等，它能够进行自花授粉，花的颜色是白色或紫色的。

另外一种重要的蔬菜是葫芦科的南瓜。很多葫芦科植物都可以作为蔬菜食用，也可以被榨成蔬菜汁。西瓜和黄瓜也是葫芦科中的成员。

西红柿（番茄属）看似是水果，但实际上它是茄科植物的一员。西红柿原产于南美洲的安第斯山脉，现在在世界各地都有栽培。它们的形状、大小和颜色都有着巨大的差异。

◀ 这些黄瓜不是扎根于土壤中的，它们的根是浸泡在人工调配的特殊营养液中的。这种方法成本较高，但是可以节省劳动力资源。

# 水果和坚果作物

水果作物有两大类。一种是结在树上的水果，如苹果、梨、桃和樱桃（都属于蔷薇科），香蕉（芭蕉科），以及柑橘类水果（芸香科）。另一种是软枝水果，包括浆果和灌木果实，如葡萄、草莓、树莓、西瓜等。苹果的年产量通常超过4000万吨，它有数千个变种，甜度、脆度和颜色都不尽相同。苹果起源于西亚，而梨则原产于欧洲，共有大约20个品种。桃树在暖和的温带和亚热带地区广泛栽培。包括油桃在内，它共有大约300个变种。樱桃原产于小亚细亚，既有甜的，也有酸的。

芸香科中的柑橘属植物包括柠檬、柚子、橙子和橘子等。它们的水果长着像皮革一样的外皮和多汁的果肉。香蕉家族中包括几种生长在亚洲的芭蕉属植物。这些植物看起来很像棕榈树，长着巨大的叶子，叶子的基部交叠在一起形成了"茎干"。雌花会发育成香蕉果实。凤梨（菠萝）是原产于南美洲的一种大型水果，它们并不长在

▲ 杏仁可能是苦的，也可能是甜的。甜杏仁很好吃，也很有营养，可以生吃或者烤食。在欧洲，它们还经常被制成杏仁蛋白软糖。图中这种是加利福尼亚杏仁。

◀ 西瓜原产于非洲，有着4000多年的栽培历史。现在，除南极洲外，其他大陆上都种着西瓜。较大的西瓜每个可以超过20千克。

树上，而是结在一个莲座型的叶丛上方。葡萄可分为欧洲葡萄和美洲葡萄两类。在制作果汁和果冻时，美洲葡萄是更好的选择。蔷薇家族还为我们贡献了草莓和树莓之类的水果。

　　我们通常所说的坚果是指长着可食用的核、外面包着坚硬外壳的种子或果实。坚果可以根据其产地进行分类。椰子和油椰子生长在热带地区。椰子树能长到30米高，结出十几簇硕大的果实。很多坚果植物都生长在温带地区，比如胡桃、山核桃、杏仁、栗子和榛子。和桃一样，杏也是蔷薇科的成员。

# 草药、香料和药用植物

你或许有把一匙混合香料拌到意大利肉酱面中的创意，但是如果你喜欢试验，你还可以发现比这更加令人兴奋的使用方法。

对美食感兴趣的人可以从超市货架上或自家厨房的罐子里挑选众多的调味品。而对于那些希望减少人工合成药物用量的人，顺势疗法、芳香疗法和其他替代疗法的医生们手头上有大量的植物药可供选择。

草药和香料的差别在哪里？大多数人都有一种模糊的认识，认为香料是辛辣刺激的，而草药的味道则比较温和。这里有一个更专业化的划分标准：大多数草药是新鲜或者干燥的植物叶片，它们遍布世界各地；香料则是植物体的芳香

▲ 英国皇家园艺协会的药草园里有很多药草，包括洋甘菊和薰衣草，这两种植物都以镇静神经的功效而闻名。

（具有强烈气味的）部分，包括花蕾、果实、浆果、根或者树皮，而且它们都是经过干燥处理的。提供香料的植物一般生长在热带地区。在一些较为复杂的情况下，有些植物既能被制造成香料，也能被制造成草药。

很久以前，香料的用途远远不仅限于提升食品的口味，它们还被用作药物，并在冰箱发明以前被用来保存食物。因为这些原因，再加上它们来自热带地区，它们在西方成了身价昂贵的商品。伟大的探险家们，如克里斯托弗·哥伦布起航时或许期望得到的是黄金，但是他们的旅程所需要的钱却来自香料贸易，因此他们拼命寻找通往香料岛的更便宜的路线。

## 芳香家族

我们常用的大多数草药都来自薄荷家族的恩赐，它们的正式名称为薄荷属植物，属于唇形科。这个家族的植物分布在世界各地，可能是木本植物，也可能是草本植物。它们的叶片两两对生在方形的茎上，花萼和花瓣都是管状的，通常有四五瓣。罗勒、迷迭香、鼠尾草、香薄荷、百里香、香花薄荷、牛至、蜜蜂花和牛膝草都是这个家族中的成员。薄荷家族有太多的变种——达到 600 多种。烹饪中最常用到的两种薄荷家族植物是胡椒薄荷和留兰香。如果喜欢温和的口味，还可以试试苹果薄荷。

另外一个包含很多香料和草药的植物家族是欧芹家族（伞形科植物）：香菜、大茴香、莳萝、胡荽、孜然芹、小茴香、圆当归、山萝卜、独活、欧芹、旱芹籽及阿魏都是其中的成员。这些植物有羽毛状的叶子和鞘状的叶基。五瓣的花通常排列成平顶的花簇。果实由两部分组成并且有脊状的隆起，成熟时分裂成两半。中国大茴香是一种小型的常绿乔木，它的果实形状就像星星一样，风干以后就制成了八角。阿魏在亚洲烹饪中非常受欢迎，但是也有几种传播到了其他地区。阿魏的刺激性气味解释了它们的别名：魔鬼粪和臭树胶。

姜科植物（生姜家族）包含大约 1200 个不同的品种，包括那些出产姜黄、豆蔻、生姜和高良姜的植物。姜黄和生姜都是植物的根状茎，高良姜是根，而豆蔻是种子。这类植物中的大多数都生长在热带沼泽地区，最高能长到 6 米高。它们的花色彩鲜艳，通过蝴蝶授粉——蝴蝶必须迅速行动，因为它们的花期可能只有几个小时。

月桂叶、桂皮、檫木和肉桂都是从月桂（月桂属）家族中获得的。它们都是开花的木本植物，能够在组织里产生芳香油。月桂原产于地中海地区，但是也普遍生长在更冷一些的气候里。月桂的拉丁文名是 Laurus nobilis，来自古希腊人把月桂花环戴在获胜的运动员或其他英雄头顶的时代。

## 它们从哪里来？

很多草药都是植物的叶片，但是香料有更加多样化的来源，包括花蕾、浆果、树皮、树脂、根、和果实等。一些植物，如肉豆蔻树能为我们提供不止一种草药（肉豆蔻籽和肉豆蔻皮）。另外一些植物可以同时提供香料和草药——如胡荽、莳萝、香菜和小茴香。

| 名称 | 植物类型 | 被使用的部分 |
|---|---|---|
| 当归 | 两年生草本植物 | 茎、种子、叶 |
| 阿魏 | 多年生草本植物 | 汁液 |
| 月桂 ① | 灌木／乔木 | 叶 |
| 琉璃苣 | 一年生草本植物 | 叶、花 |
| 地榆 | 多年生草本植物 | 叶 |
| 小豆蔻 ② | 多年生草本植物 | 豆荚、种子 |
| 肉桂 | 乔木 | 树皮、叶、花蕾 |
| 旱芹 | 两年生草本植物 | 种子 |
| 山萝卜 | 一年生草本植物 | 叶 |
| 红辣椒 ③ | 一年生草本植物 | 果实 |
| 桂皮 ④ | 乔木 | 树皮 |
| 洋丁香 ⑤ | 乔木 | 花蕾 |
| 小茴香 ⑥ | 多年生草本植物 | 叶、茎、种子 |
| 葫芦巴 | 一年生草本植物 | 种子、叶 |
| 高良姜 | 多年生草本植物 | 根 |
| 大蒜 | 鳞茎植物 | 鳞茎 |
| 生姜 | 多年生草本植物 | 地下茎 |
| 牛膝草 | 亚灌木 | 叶、花 |
| 杜松子 ⑦ | 灌木／乔木 | 浆果 |
| 柠檬草 | 草 | 茎 |
| 独活 | 多年生草本植物 | 叶、茎、种子 |
| 肉豆蔻皮 ⑧ | 乔木 | 种皮 |
| 薄荷 | 多年生草本植物 | 叶 |
| 芥菜籽 ⑨ | 一年生／多年生草本植物 | 种子 |
| 肉豆蔻籽 ⑩ | 乔木 | 种子 |
| 大葱 | 多年生草本植物 | 茎、叶 |
| 胡椒 ⑪⑫ | 一年生草本植物 | 浆果（黑色／红色） |
| 迷迭香 | 灌木 | 叶、花 |
| 番红花 | 多年生草本植物 | 花的柱头 |
| 鼠尾草 | 亚灌木 | 叶 |
| 檫木 | 乔木 | 叶、树皮 |
| 山扁豆 | 一年生／多年生草本植物 | 豆荚 |
| 酸模 | 多年生草本植物 | 叶 |
| 八角茴香 ⑬ | 乔木 | 果实 |
| 罗望子 | 乔木 | 豆荚、种子 |
| 百里香 | 多年生草本／亚灌木 | 叶 |
| 姜黄 | 多年生草本植物 | 地下茎 |
| 香草 | 兰花 | 豆荚 |

◀ 这种可食用的辛辣果实称为辣椒，它们遍布在亚洲热带和温带地区及美洲的赤道地区——图中显示的是印度的辣椒。辣椒可以制成很多种类的香料，其中最常用的制作方法是把成熟的果实晒干（就像图中那样），然后再把它们磨成粉末。

也许你不会想到有着刺鼻气味的大蒜居然是一种百合科植物，但它确实属于百合科。此外，细香葱和番红花也同属这个家族。这一家族生长在温带和亚热带地区，植株长着六个裂片的花，叶片成簇分布在叶基上。很多百合科植物都有一个特殊的地下"储藏室"，而大蒜就是百合科葱属植物蒜的鳞茎。

胡椒家族（胡椒科植物）中最重要的调味料黑胡椒和白胡椒是胡椒树的果实（胡椒粒），这是一种原产于印度的攀缘植物。胡椒是世界上最重要的香料，也是最早为人所知的香料之一，已经被人类使用了至少 3000 年。

桃金娘家族（桃金娘科植物）的成员长着常绿的革质叶片，里面有分泌芳香油的腺体。多香果（也称西班牙甘椒或众香子）和洋丁香都出自这个家族，它们原产于美洲和亚洲的热带地区。洋丁香是桃金娘科植物丁香的干花蕾，而母丁香则是这种植物的成熟的果实，是一种比洋丁香温和一些的香料。

▲ 番红花粉是用番红花制得的，制作时，要先手工采集每朵花上的三个金黄色柱头，然后在木炭火上将它们烘干。需要大约 8.3 万朵花才能制成半千克番红花粉——难怪它是世界上最昂贵的香料。

特别喜欢辛辣食物的人可能会食用红辣椒粉。它和味道平淡的马铃薯同属于一个家族——茄科植物。辣椒属植物大约有 10 个品种，包括常见的红辣椒——也称为朝天椒或辣椒。红辣椒的种子和果实被风干并磨碎后，也被称作卡宴辣椒。还有一种辛辣香料是芥菜籽。很多芥菜家族（十字花科）的植物都是药草，长着很有特色的花朵，四片花瓣组成一个十字的形状。市面上的芥末是用芸薹属几种芥菜的种子的粉末制成的。

肉豆蔻家族（肉豆蔻科）的植物包括大约 400 个品种。普通肉豆蔻树结出的果实叫作肉果。果实里面有一粒被肉质种皮包围着的种子。风干的种子就是香料肉豆蔻籽，而黄色的种皮被风干后就成为肉豆蔻皮。

## 药用植物

很多最普通的药物最初都是以植物形态加以使用的（即使在今天，25% 的处方药都含有一些植物成分）。然而，当医生开出一些柳树皮泡的茶（阿司匹林就是从中提取出来的）作为药物时，他很难判断病人所需的药量。通过从植物中分离出我们需要的药用成分，药物学家们就能将这种特殊的成分作为一种可测量的剂量，加到药片或者药液中去。今天，这些活性药物成分

◀ 顺势疗法使用的草药金盏菊是用金盏花制成的，无论外敷还是内服，都有抗菌和促进愈合的功效。把花朵采摘下来以后（如主图所示），用酒精浸泡（如小图所示），可以提取出一种酊剂，这是主要的药用成分。

可以在实验室里人工合成出来。在西方国家，常用的 120 种植物药仅仅来自 95 个品种的植物。但是在世界范围内，80% 的人口会使用当地的药物，这些药物的来源几乎涵盖了全部 7 万种植物。

在西方国家，对药用植物的一项更显著的应用是在替代性药物方面。无论在顺势疗法、芳香疗法、巴赫花疗法还是草药疗法中，非药物疗法的医生常使用从植物中提取的药物。

巴赫花疗法建立在这样一个原理之上：如果你将植物材料放入水中，并在阳光下加温，水就会吸收那种植物的一些特性。然后，把这些浸泡过植物的水进行过滤和装瓶，再加一些白兰地用来保鲜。爱德华·巴赫医生（1880—1936 年）发明了这种理论，他相信对于那些情绪或者精神紊乱的人来说，这些花草药物能够恢复他们体内的平衡——他对生理问题不是很感兴趣。例如，他会用龙胆根治疗信念缺乏症，用栗子治疗妄想症，用猴面花治疗恐惧症。

对一些人来说，芳香疗法只不过意味着一种精细的美容手段。资深的芳香治疗师却相信他们正在实践一种需要特殊技能的草药疗法。他们在治疗中使用的是植物精油，这种精油从许多植物的不同部位提取出来，包括地下茎（如生姜）、花（如薰衣草），以及果皮（如柚子）。有的植物在不同的部位能产出不同的精油。例如，橙花油是从橙子的花朵中提取出来的，用来治疗焦虑症和皮肤病变。而橙油来自橙子的果皮，用来治疗情绪低落和便秘。大多数精油都是通过皮肤直接吸收的，但也有少数可以口服。

◀ 墨西哥香荚兰和塔希提香荚兰是热带的攀缘兰花，它们能制成一种叫作香草的香料。如果周围没有天然的授粉者——一种小型墨西哥蜜蜂，就需要用一种木质的针进行人工授粉（如图所示）。它们的果实是豆荚，能在 4～6 周内完全长大（长度为 20 厘米）。豆荚的基部一开始变成黄绿色，就要立即把这种未成熟的豆荚采下来以制作香草。

## 你知道吗？

### 医神的标志

　　在欧洲，如果你去一家药店，通常会在药店外看见一个图中这样的标志。它看起来像一个手杖，周围还缠绕着一条或者两条蛇。古代欧洲人相信毒蛇具有神秘的能力，能够找到治愈疾病的植物，因此毒蛇就成了古希腊医神埃斯科拉庇俄斯的象征。从那以后，很多国家的药剂师和医生都用这个标志作为自己的徽标。

▲ 薄荷家族中还包含 20 多种薰衣草，包括法国品系和英国品系。这些矮小的常绿灌木长着略显灰色的叶子和从紫红色到淡紫色的花，这些花呈穗状长在长柄顶端。它们细小的纤毛覆盖着绝大部分的植株，纤毛上的油腺能释放出独特的香气。法国的普罗旺斯是最大的薰衣草精油产地之一。

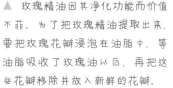
▲ 玫瑰精油因其净化功能而价值不菲。为了把玫瑰精油提取出来，要把玫瑰花瓣浸泡在油脂中，等油脂吸收了玫瑰油以后，再把这些花瓣移除并放入新鲜的花瓣。

▲ 一个顺势疗法医生在核对了一本顺势疗法参考书后，开始用药片配制药物。顺势疗法药物的原理是，如果某种物质能在健康的人身上引起一种疾病的症状，那么它就能治愈患者身上同样的症状。

对一个草药医生来说，凡是具有药用价值的植物都是草药，如果这样理解的话，草药植物有成千上万种。草药疗法是最古老的药物形式之一。考古学家已经发现了 6000 年前使用草药的证据。古时候，草药疗法的医生们在给病人治病时，常把草药、巫术和占星术混合起来使用，所以在西方很多人把草药疗法视为迷信。和大多数替代性疗法一样，草药医生们致力于在全身范围内恢复身体的平衡，而不是头痛医头脚痛医脚。而这种全身治疗确实能够治愈许多病症。一些传统的草药包括治疗咽喉痛的大荨麻（作为一种含漱剂）、治疗消化不良的香菜籽和治疗牙痛的丁香油等。很多草药的效用都得到了有力的证实，并且在街上的药店里都有销售。慢性病则应该去咨询草药医生，因为他们开出的草药可能是在某个特定时间采集的，或者生长在特定土壤中的。

顺势疗法——就是英国皇室中流行的那种疗法，需要把小剂量的某种药物（可能是植物基质的也可能是矿物基质的）进行多次稀释。顺势疗法医生相信某种物质越被稀释，它们释放出来的能量就越多。植物基质的顺势疗法的药物包括抗寒的葱属植物、治疗撞击和擦伤的山金车菊，以及治疗发烧和呕吐的颠茄。

# 肉质植物

从外形上看，仙人掌和其他肉质植物那如球茎般健壮结实的"躯干"引人注目，但在它们那丰满的外形中，却储藏着像黏液一样的水分和营养物质，这使它们能够在频繁的干旱中生存下来。

全世界大约有 1 万种肉质植物，它们生长在各种各样的环境中，从山地、沙丘、雨林，到古老的熔岩流。其中大多数都生长在美洲和南非的亚热带的半沙漠及灌木丛林地区，这些地方白天炎热，夜晚寒冷，降雨稀少且间隔时间长。

为了能在这些荒凉的地方生存下来，肉质植物进化出了一种非常特殊的生理结构。在所有肉质植物的叶、茎、根中，都有像海绵一样的组织，能够储存水分。许多肉质植物还进化出了一种特殊机制——通过减少蒸发作用来保存水分。在这些有效的适应性中，其中之一就是它们的光合作用与众不同。

白天，非肉质植物会打开叶片上的气孔（毛孔），吸收空气中的二氧化碳。然后，阳光促进光合作用，二氧化碳与水合成碳水化合物。同时，由于呼吸作用，水蒸气从打开的气孔逃逸出去。在降雨稳定的地区，植物的根会从土壤中吸收水分，补充那些通过叶片流失的水分。但是在干旱地区，流失的水分无法得到补给。肉质植物为了避免这种消耗，白天会关闭气孔，晚上温度变冷时再打开气孔。夜里，它们才从空气中吸收二氧化碳，并将二氧化碳作为有机酸储存起来。然后，在白天，它们再分解有机酸，释放出二氧化碳，并继续按植物正常的方式进行光合作用。

## 三种类型

从极小的两叶植物到高大的塔状植物，肉质植物的形态、大小各不相同，并且呈现出各式各样的生长形式。有一些肉质植物的生命周期很短暂，它们是一年生植物或二年生植物，如遍布世界各地、像苔藓一样的石莲花属植物，以及生长在英国海岸线上、像杂草一样的一年生植物——欧洲海蓬子。有的是多年生草本植物或常绿植物，还有一些是木本灌木、攀缘植物，或者树木。植物学家们根据它们的储水组织的位置，把这些储水的植物分成了三大种类。

▲ 猴面包树生长在灌木丛林中，能够存活 2000 年。它们把水分和养料储存在柔软的、像海绵一样的树干中，并以此度过干旱的夏天。在雨季过后，一株 28 米高的猴面包树的树干的周长经常会超过 24 米。

▲　手杖大戟生活在印度拉贾斯坦邦的平原和多石的露天岩层上。它们属于大戟属家族，叶子和茎中都含有一种像牛奶一样的树液，能够刺激食草动物的皮肤，从而防止被食草动物啃食。

▲　从这种桶状的毛花柱仙人掌的刺座上，长出了艳丽的红色花朵，花冠是环形的。这种仙人掌主要生长在南美洲玻利维亚多岩石的灌木丛林中。

▲　这株魔鬼仙人掌（棒槌树属）的叶子像卷心菜一样，它的茎高大多刺。它生长在南非奥兰治河岸像月球一样的地貌中。

▲　这簇簇小型的、像灌木一样的松叶菊生长在南非干旱而贫瘠的灌木丛林中。它们的花形似雏菊，樱桃色，大概在正午时分开放。

## 开花的肉质植物

所有的肉质植物都是开花植物，它们已经进化出了硕大而丰满的储存水分的器官，能帮助它们在干旱季节里生存下来。

### 刺梨

刺梨生长在美洲的仙人掌的"肉垫"上，开着大朵的花。这些花能发育成可食用的果实，这种果实被称为刺梨。

### 石莲花

这种石莲花生长在高山上，星状的粉色花朵从它那粗粗的肉质的莲座型叶丛中长了出来。

### 肉根植物

吊灯花是一种肉根植物，生长在非洲和亚洲地区，水分和养料储存在它们地下的块茎中。

### 驴尾巴

松鼠尾的茎长长的，茎上长满了灰绿色的叶片，它们看起来很像被编织出来的驴尾巴。

### 有触手的花

龙珠果是一种壶形植物，生长在沙特阿拉伯地区，水分和养料都储存在它的茎基中。它的花序很奇异，像触手一样，并会突然性地将种子"发射"出去。

# 肉茎植物

肉茎植物能在它们的茎中保留大量的水分和营养物质。例如生长在澳大利亚昆士兰州的山地和草原上的瓶干树（也称宝瓶树），每逢雨季时，就能在树干中储存大量水分，并在旱季时靠这些水分得以生存。澳大利亚的土著居民经常从这些像水桶一样的树干中将水引出来饮用。

许多非木本的肉茎植物都没有叶片，或者叶子已经被彻底改变了，它们把绿色的光合作用细胞转移到了茎中。例如，非洲的大戟属植物长有棱纹的、像仙人掌一样的茎，会在储水量增多时膨胀，在储水量减少时收缩，为此它们都没有叶子。而仙人掌（仙人掌科中的成员）的叶子则像刺一样，从茎上的刺座中长出来。那些生长在半沙漠和灌木丛林地区的仙人掌，长有尖利的、像针一样的刺，能够防御饥饿的食草动物；而生长在山顶上的仙人掌，如安第斯山老头仙人掌，则长有柔软的白色发状刺，夜里像一层绝缘材料，白天像一面反射镜。

## 你知道吗？

### 活着的"石头"

这种生石花属植物生长在南非干旱而贫瘠的土地中。它们看起来酷似灰色和褐色的石头，并通过这种伪装躲避食草动物。每株植物只有两片肿胀的叶子，叶片顶端伸出了地面。秋天，当像雏菊一样的花朵出现在两片叶子之间时，它们的伪装就露馅了。

▲ 仙人掌通常是沙漠里最大的植物。这些高高的柱形仙人掌被称为管风琴仙人掌，因为它们高耸的茎很像教堂中的管风琴的琴管。图中的仙人掌生长在索诺兰沙漠中，它们是美国亚利桑那州的州花。

▲ 这是在厄瓜多尔，人们正在收割美洲龙舌兰的叶子，并将它撕碎，获取叶片中粗糙的麻纤维。龙舌兰的叶子通常能长到 1.8 米长。叶子干后，能被纺成绳子，或者用来纺织地毯和口袋。

▲ 在开花时节里，仙人掌的刺座上会长出花朵。这种仙人掌（学名"刺梨"）生长在沙漠中，通常在白天开花，由飞来飞去的昆虫为它们授粉，而生长在丛林中的仙人掌则通常是夜晚开花。

# 肉叶植物

　　这种肉质植物将水分储存在硕大、丰满的叶片中，雨季时，叶片会膨胀；旱季时，叶片会枯萎。它们的叶子各式各样，既有千里光那极小的、像豌豆形状的叶片，也有龙舌兰家族中那硕大的剑状叶。世纪树（美洲龙舌兰）会长出一个两米高的圆形叶簇。在成熟期，它们会长出 8 米高的花柄，种子一旦成熟，植株就会死亡。

## 在刺的下方

　　仙人掌的结构非常特殊，能帮助它们在干旱的半沙漠地区和灌木丛林中生存下来。它们的根、茎、叶都能最大限度地收集并储存所遇到的每一滴水。

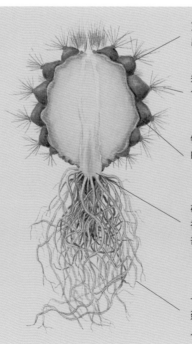

芽、刺、花都从刺座上生长出来

尖利的刺能阻止食草动物啃食它们那诱人的多汁的"肉"

锯齿状的主叶脉在水分充足时膨胀，干旱的时候收缩

碳水化合物从仙人掌的主体被传送到根部，水分则从根部被传输到储蓄管里

长长的纤维根在地下四处蔓延，趁雨水和晨露蒸发或沉入土中之前攫取它们

在许多小型的肉叶植物中，叶子交叠在一起，排成了"莲座型叶丛"，因此，只有部分叶子暴露在风中和阳光中。其他一些肉叶植物则适应了干旱的环境，它们的叶子表面像皮革一样，有一层蜡质，能够反射光线，或者部分埋在地下。例如，非洲的橙黄棒叶花，它的大部分"莲座型叶丛"都埋在阴凉的地下，只有半透明的叶子尖端暴露在阳光中。

## 肉根植物

这类植物的水分和营养物质储存在丰满的根系或者块茎中，避开了食草动物和阳光的曝晒。在它们中，许多都是多年生草本植物。在最干旱和寒冷的时候，它们在地下处于休眠状态，直到生长时节到来，它们才会长叶、开花。在南非，非洲雪莲花通过埋藏在地下、像球茎一样的根系，在夏季的丛林大火中才得以幸免。在荒凉、干旱、土壤贫瘠的地方，植物根系中储存水分的器官通常会延伸到地面上，进入木质茎基，这样的植物被称为壶形植物。

▲ 尖利的刺为仙人掌提供了很好的保护，使它们免受食草动物的啃食，尤其像图中这种仙人掌，刺尖呈钩状。刺还能帮助仙人掌收集清晨的露水，并使露水滴落到它的根部。

# 兰科植物之兰花

兰科植物有着世界上最令人炫目的花朵，其中很多品种都有特殊构造，能够与授粉动物们建立起一种独特的关系。过去，人们相信一些兰花具有神秘的力量，而另一些兰花则被人们贴上了"寄生植物"和"肉食植物"的标签。今天，兰花植物已经成为人们在家庭和温室中栽培的最奇异的一种开花植物。

在单子叶植物的兰科家族中，大约有 1.8 万种不同的兰花。除了最为极端的生存环境，它们广泛分布在世界各地。一些兰花生长于挪威和新西兰的潮湿的山区，一些兰花生长于欧洲林地中阴暗的森林地被上，一些兰花生长于北美地区石楠树丛的荒野和沼泽中。然而，大多数兰花都生长在热带陆地上，被称为陆生植物；或者高高附生于森林那叶繁枝茂的树冠上，而不会妨害寄主，它们被称为附生植物。

▲ 自从古希腊哲学家西奥菲拉斯在他的《植物研究》一书中提出了"兰花"（在古希腊语中，兰花的意思是睾丸，即这种陆生兰花的根长有成对的块茎，状如男性睾丸，兰花就始终有一种令人着迷的魅力。图中这种粉色的像女性拖鞋一样的兰花，是 350 年前就有文字记载的北美洲的第一种兰花的品种。

## 艰难度时

兰花序列的形状和大小令人眼花缭乱，但它们全都是多年生植物，并且在两种基本的生长模式（合轴生长模式和单轴生长模式）中，它们只能以其中一种生长模式存在。

合轴生兰花的生长模式和大多数多年生草本植物相似，它们都会在原有的生长基础上长出新的叶片和花朵。在这个种类中，许多兰花都有假鳞茎，从而帮助自己在休眠状态下度过季节性的干旱。它们茎上多汁的肿大的部分是假鳞茎，里面储存着食物和水分，用以供给植物在旱季后的生长。有一些假鳞茎像棍棒，如洋兰；

## 炫目的花朵

兰花的花朵可能有小斑点、大斑点、杂纹，或者是纯色的，它的直径大小从 1 毫米到 25 厘米不等。花朵外面有 3 个萼片，与里面的 3 片花瓣间隔排列。花瓣（唇形花瓣或唇瓣）比萼片短一些，外形在进化中有所改良，通常色彩也更为鲜艳。对于蜜蜂、黄蜂和苍蝇这样的授粉昆虫，它扮演着桥梁作用。手指状的花柱在花瓣上方，承载着融合在一起的雌性生殖器官和雄性生殖器官。在正常情况下，一团黏性的花粉细粒（花粉块）位于花柱前部，雌性生殖器的柱头则位于稍后一些的花柱下部。

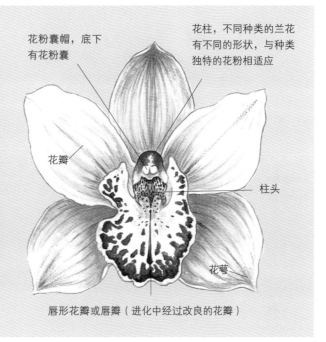

花粉囊帽，底下有花粉囊

花柱，不同种类的兰花有不同的形状，与种类独特的花粉相适应

花瓣

柱头

花萼

唇形花瓣或唇瓣（进化中经过改良的花瓣）

有一些又长又细，如石斛兰长有一米多长的、藤杖般的假鳞茎。但是，大多数假鳞茎都是蛋形的，高度从几毫米到 20 多厘米不等。例如，成熟的毛唇贝母兰会长出一组椭圆形的假鳞茎，它们就像一串葡萄一样紧紧挤在一起。当叶片从老的假鳞茎上脱落时，假鳞茎里储藏的养分能为新叶片的生长提供需要。

单轴生兰花会在前一年生长的地方继续生长，植株向上扩展。新叶从中心茎的顶端（顶点）长出来，看起来就像是在相反的两侧依次长出。万带兰就是按这种模式生长的兰花，这些美丽的花儿生长在中国的喜马拉雅山区、新几内亚岛，以及澳大利亚北部的一些地区。它们是附生植物，叶茎直立，叶子四季常绿，鲜艳的花朵长在长茎的末端。和所有的附生植物一样，它们有着浓密、强壮的气生根，能够在宿主的主干和枝条上保持安稳。这些万带兰的气生根悬垂在空中，通过多孔的外层组织吸收水和养分，这种组织被称为根被。万带兰的根间接地沿着茎干生长，并从叶片中伸出来。一些根长达

▲ 初夏时节，在欧洲的山腰草地上，这种接骨木兰花（石生接骨木属）开出了浓密的圆形花簇。

▲ 兰花的奇异外形和艳美的颜色使人们赋予
了它们一些迷人的名称。不难看出图中的这种
来自克利特岛的兰花为什么会被人们称为"猿
兰"了，它实在有些像猿猴！

1.2 米，在长期的干旱中被当作蓄水和储存养分的
容器。

## 异花授粉

　　兰花竭尽全力让自己的花朵进行异花授粉，
并且很多品种在进化中都与某种特定的授粉昆虫
结成了联盟；为了能适合昆虫为自己授粉，它们
在进化中逐渐改变了大小和形状。它们通常先用
气味来吸引授粉的昆虫，然后用花蜜诱使这些昆
虫飞到自己的同类花朵那里。例如，非洲热带地
区的风兰，黄昏时分会向空气中散发甜香吸引蛾
子。当造访的蛾子将长长的吸管伸进兰花的花蕊
深处寻找花蜜时，一个液囊中的花粉就会粘在它
的头上。当这只蛾子造访下一株兰花时，这些花

## 你知道吗？

### 真菌合作者

　　兰花的种子细小，不能储藏营养
成分。小秧苗依靠菌根中的真菌提供
养分——每种兰花只和一种真菌有共
生关系。这种联合关系通常会很快终
止，但是在欧洲，鸟巢兰（如图）从
山毛榉根上的真菌中获得营养，并且
可以维持 9 年左右的时间，直到兰花
开花并死亡为止。

◀　这株巴西洋兰附生在高大的丛林树木的枝上，从充满水气的空气中获得自己所需要的水分。其他一些洋兰生长在海拔3000多米的安第斯山脉丛林中的树枝上。

粉就会传到这株兰花的柱头上，于是发生了异花受精。其他一些兰花则通过较大的动物授粉，如蜂鸟和蝙蝠。花朵受精后，就有了果实，并且在果实中有了很多小种子。有一些品种的兰花，仅仅一穗花就能够生长出100万粒种子。种子的成熟期需要2～18个月，然后又将发芽，开始一轮相似的生命历程。一株兰花植物可能需要4年或者更长的时间才能开花、结果。

# 鳞茎、球茎和块茎植物

与生菜和西红柿相比，洋葱和马铃薯能够储藏很长时间。它们是典型的鳞茎和块茎，里面存储着水分和养料，能够长时间应付干旱或寒冷的环境。

鳞茎、球茎和块茎都是生长在地下的植物器官，特别适合于植物的休眠期，使植物能够在非常干旱炎热的条件下，或者在酷寒的冬天里生存下来，如在沙漠、干旱的草原以及山区里。

如果没有这些办法，正常的植物组织就会由于脱水或者冷冻而受损，整株植物就可能会死亡——就像水管中的水在 0℃ 时结冰并膨胀，会导致水管爆裂一样，当温度太低时，未受保护的植物细胞也会破裂。

▲ 在西南非洲的纳米比亚地区，降雨量非常不稳定，所以，文珠兰百合把水和养分都储存在了地下的鳞茎中，并以此在休眠状态中度过最艰难的时期。在历经数年的干旱后，这株文珠兰百合再度勃发生机，开放出一丛壮观、绚丽的花簇。

在恶劣的天气来临之际，鳞茎、球茎和块茎植物生长在地面上的部分就会枯死，只留下生长在地下的植物储存器官——完全处于休眠状态的生长芽，它们在不为人见的状态下，安全地度过气候糟糕的时节。

在植物的养料储存细胞中，高浓度的糖类养料分子就像天然的防冻剂，当土壤的温度降到危险的 0℃ 以下时，能为植物提供进一步的保护。

这种休眠机制对植物的另一个好处是：植物可以免受饥饿的食草动物的摧毁，比如鹿，它们经常把过冬的植物啃食殆尽，乃至植物的根茎。当然，对于土壤中的害虫，比如线虫，以及那些足趾强健、嗅觉灵敏的动物，如松鼠和老鼠，鳞茎、球茎和块茎植物也是它们的高

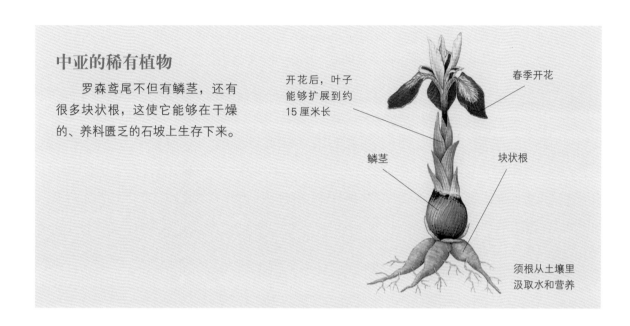

**中亚的稀有植物**

罗森鸢尾不但有鳞茎，还有很多块状根，这使它能够在干燥的、养料匮乏的石坡上生存下来。

开花后，叶子能够扩展到约15厘米长

春季开花

鳞茎

块状根

须根从土壤里汲取水和营养

级食物库。

当春天来临，第一场春雨唤醒沉睡中的生长芽。叶片首先破土而出，迅速开始光合作用，重建植物已经耗竭的养料储存系统；然后很快就开花，那缤纷的颜色和香气就像广告招牌一样，吸引着授粉的昆虫；授粉之后，花儿开始结果（生长种子），就像其他开花植物一样；随后种子散播出去，养料再次被储存在根茎中，供给下一季的生长需要。

在所有植物中，常年落叶林中的植物的生长速度是最快的，只有每年从休眠种子状态发芽的鳞茎、球茎和块茎植物的生长速度才能超过它们。一旦天气暖和起来，像熊葱、野水仙、野风信子、虎年万年青等鳞茎植物，就会迅速长叶开花（有时候先开花后长叶），在高于它们的树木长出繁茂的叶子之前，它们要赶紧最大限度地利用开阔的蓝天和充足的阳光。

在夏季炎热、冬季寒冷的地方，比如土耳其，许多植物（包括郁金香、洋水仙）只拥有春天短暂的生长时节。一旦有足够的温度，而且气候宜人，这些植物会迅速长叶开花，但是随着气温上升，天气变得炎热，它们又会迅速枯萎。

## 识别鳞茎植物

尽管每种鳞茎、球茎和块茎植物之间都略有差别，但植物学家们仍然根据它们的特殊结构进行定义。

像洋葱（葱属）、百合（百合属）这样的植物，在它们的鳞茎中含有许多重叠在一起的叶基，叶基不含叶绿素，但含有储存的养料。大多数鳞茎都是椭圆或梨形的。肉质叶基（鳞片）在一个小圆盘形的基座上层层叠合起来，基座上生出许多不定根，这些根在土壤中搜寻水分和矿物营养物质。

有一些鳞茎植物的不定根的前端可以收缩，一旦根尖在土壤中固定，根的前端就会收缩并变粗，由此产生的拉力会使鳞茎进一步深入土壤，从而起到保护作用。鳞茎外的鳞片又薄又干，像纸一样，能保护鳞茎的内部组织，使真菌孢子和土壤中的害虫不能侵入。在中心生长点上，有一个或更多的芽，芽中有未成熟的叶。糖分储存在肉质鳞片中，维系鳞茎在休眠期内的生存。腋芽一般在鳞片之间发育，当它们长大后，会形成新的鳞茎——你可以把大蒜鳞茎上的小鳞茎掰开，亲自观察这种结构。

▼ 克里木南星是另一种天南星植物，生活在克里木岛上干旱、多岩石的峡谷里。很多天南星科的植物的花朵都是臭臭的，能吸引苍蝇前来授粉。不过，图中这种植物的花朵却是芬芳的。

▲ 这种生活在南非沼泽地带的海芋百合（马蹄莲属）在春天开花。它的地下茎根富含淀粉，秋天时会生长出几片韧性极好的叶子，然后在来年的春天开花。作为一种典型的天南星科植物，它真正的花朵位于像铅笔一样的肉穗花序上，非常小，而这些白色的"花瓣"实际上是叶状佛焰苞（一种包含或衬托花簇或花序的叶状苞）。

▲ 图中的这株冠状银莲花也是生长在克里木岛的一个峡谷里，它是毛茛科家族中的成员。人类对它们进行过成功的栽培，并培育出了"德卡恩银莲花"和"圣布丽奇特银莲花"这两个绚丽夺目的品种。它们的根从一块坚硬的块茎中长出来，早春时节开花。

鳞茎植物可能是多年生植物或一年生植物。在水仙花（水仙属）这种多年生鳞茎植物中，每一年，花朵都是从腋芽中生长出来的，中心芽（顶芽）则发育成叶。在郁金香这种一年生鳞茎植物中，花芽是由顶芽发育而成，此时，顶芽就完成了它在一个生命循环周期中的责任。下一季的花朵是从新的鳞茎中发育而来的，而这新鳞茎又是从外部腋芽发育而来。

假鳞茎和真鳞茎不同。假鳞茎是绿色的（含有叶绿素），在地面上由厚厚的茎基发育而成。在许多兰花种类中，能见到假鳞茎，它们可能是圆形的、椭圆形的或者圆柱形的，叶和花都是从茎柄上生长出来。

▲ 这种紫鸢尾生长在地中海东部的以色列地区，它是一种典型的有须的鸢尾植物——在它们"倒垂"的花瓣上，长着许多肉质茸毛。

## 球茎植物

番红花、剑兰、小苍兰都是球茎植物，它们在外观

▲ 山赤莲生活在北美洲西北部的山艾树林和山区森林中，通常在海拔 2000 米左右的林木线附近能见到它们。

▲ 熊葱（葱属）是洋葱家族中的一个成员，鳞茎、白花，气味和大蒜相似。在英国，它们通常和野风信子长在一起，在大部分的欧洲林地里，也长满了这种植物。

## 大开眼界

### 郁金香狂

1593 年，卡罗琳·科鲁斯放弃了他在维也纳皇家园林里的工作，成为荷兰莱顿大学的一名植物学教授。他随身携带着自己收集的郁金香，包括花瓣上有很多"羽毛"和不同颜色条纹的品种。这种郁金香是由一种无害的病毒引起的，它紧紧抓住了园丁们的想象力。一场"郁金香狂热"爆发了，随着价格的飙升，这些迷恋郁金香的人，为了买到珍稀的品种，甚至不惜变卖了自己的房屋和农场。

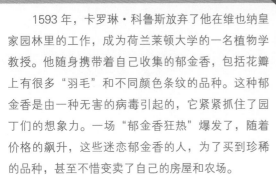

上与鳞茎植物相似，但它们通常显得更粗短、扁平。在它们的中心有又短又粗的茎基，芽长在前一年发育出来的死叶基轴的叶腋上。外部的可收缩的根从球茎底部长出来。每一年，球茎植物储存的养料都会由于叶和花的发育而消耗殆尽。但是当老球茎枯萎后，新球茎会在老球茎上生长出来。在基部周围可能还会发育出几个小球茎（新生小球茎），一旦它们完全长大就会开花。

## 桶状的块茎植物

像马铃薯（土豆）、仙客来、银莲花这样的块茎植物，是另一种类型的、生长在地下的、植物的养料储存器官。这是一种粗壮的地下茎（根状茎），上面生长着腋芽（芽眼）。

与鳞茎植物和球茎植物不同，块茎植物没有基盘，也没有保护性的像纸张一样的干"鳞片"。腋芽并不是整齐地排列在中心位置，而是不规则地分布在整个块茎表面。商业栽培的马铃薯的块茎非常大，里面储存的养料远远超过植物所需。据记载，在英国的林肯郡和沃里克郡，曾出产过两个最大的马铃薯，每个重量都超过了 3.2 千克。

另一种是块状根茎，它是膨大的不定根的一部分。大丽花和甘薯都是典型的块状根茎植物。在老茎的根颈下，会发育出一簇膨大的养料储存器官。主根（从秧苗

**块茎结构**
像马铃薯这种块茎，是一种粗地下茎，专门储存植物的养料。

**鳞茎**
像洋葱这样的鳞茎，由交叠在一起的叶基组成，叶基里存储着养料。

**球茎**
像藏红花这样的球茎，通常是厚厚的茎基，芽生长在死叶基轴的叶腋里。

没有纤维的覆盖物

芽（芽眼）长在顶部，通常也长在侧面

中心生长点

肉质鳞片（变形叶）

纤维的或纸状鳞片（皮膜）

中心生长点

大都有纤维的或光滑的覆盖物（皮膜）

基盘

根从四周长出来

没有基盘

根从基盘上生长出来

▲ 夏天，比利牛斯百合（百合属）是高山草甸和开阔的林地中的万人迷。它们的花朵悬垂，就像土耳其人的帽子。与很多鳞茎植物不同，它们的叶片全部向上长在了花茎上。

▲ 在春天的花园里，郁金香是最受欢迎的鳞茎植物之一，许多品种都生长在中亚地区。图中这种土耳其品种，花瓣像高脚酒杯。

发育而来的主要的根，随后还会从上面生出不定根）可能会膨大，形成主根茎——它通常是膨大的胚轴（一段茎，连接着双子叶植物的子叶所在的节点和主根的顶部）向下的延续。像胡萝卜、欧洲防风草、甜菜和甜菜根，它们都是主根茎。

一些多年生植物有地下根状茎——长在地下的茎，上面有能够长出根的芽。这些植物拥有地下根状茎可能有两个原因：一是以营养繁殖的形式向旁边扩展；二是植物多年生长或数年生长的一种方式。主要生长点位于根状茎顶部，但是在根状茎上部和侧面也会生出一些芽。如果根状茎顶部的生长由于天气恶劣而受阻，根状茎肉质组织中储存的养料也足够芽的生长。羚兰（羚兰属）、爱情花、鸢尾属植物，还有很多草类植物，都长有根状茎。

一些灌木和乔木，尤其是澳大利亚的桉树，在地面或者地下都长有很大的肿胀的茎，这是木质块茎。在这些肿胀的茎上，长有一簇一簇的休眠芽，如果已有的嫩枝由于林区大火等原因受到损害，这些休眠芽就会发育成新的嫩枝。

## 特别的防御

在对付恶劣气候的同时，许多植物还必须保护自己不被食草动物啃食。落叶通常并不会为植物带来致命威胁，因为储存养料的器官并没受到损害，但是种子不断丢失却会威胁到物种。为了应付这种危险，番红花、秋水仙的种子在地下发育，直到成熟后它们才会露出地面。狐尾百合（独尾草属）的种子黏黏的，味道极差；洋葱家族中的一些成员通常有令人难以忍受的气味，还有强烈的辛辣味，从而阻止了食草动物的啃食。另外一些植物，比如贝母，一般生长在大型食草动物难以抵达的坚硬的岩石裂缝中。

▲ 狐尾百合的花茎能长到 3 米高。它们生长在从土耳其到喜马拉雅山的岩石坡上和干旱山谷中。有时候，甚至能在海拔 2500 米左右的地方见到它们。它们的根纤细、多肉质。

# 攀缘植物

它们是植物王国里一个不断追求上进的群体，无时无刻不在努力提升自己的"地位"。与很多都市人一样，它们以一种披荆斩棘的精神向着顶端不断攀爬。把"邻居们"远远地甩在身后，是它们最大的乐趣。

攀缘植物形态各异，大小不一，生长模式也大不相同。有的属于一年生草本植物，如牵牛花；有的属于多年生草本植物，如啤酒花（葎草属）；有的属于长有永久性木质茎的灌木植物，如中国紫藤（紫藤属）。

攀缘植物分布广泛，在温带、亚热带和热带都能看到它们的身影——只要有支撑物，它们

▲ 印度尼西亚无花果起初只是寄生在一棵树的枝条上。最终，它们紧紧扼住树干，向下深进土壤以汲取营养，向上不断攀升以获取阳光。在寄生虫死掉且树干也腐烂以后，会留下一个由无花果的茎组成的"空心塔"。

▲ 番薯花（矮牵牛）生长在热带和亚热带茂密的灌木丛中，其叶片形状与常春藤植物相似。它们的缠绕茎在灌木丛中不断攀爬、蔓延。它们的花在晚上合拢，清晨，当阳光撒满大地时，花朵又重新绽放。

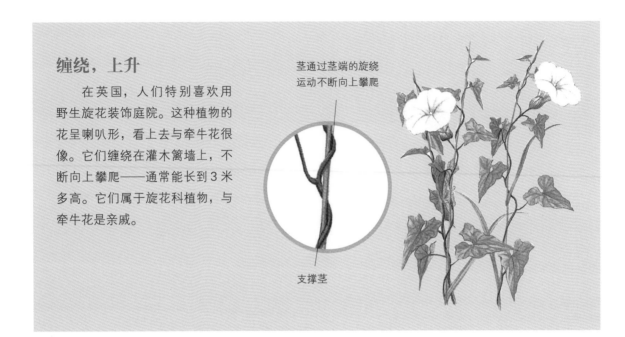

**缠绕，上升**

　　在英国，人们特别喜欢用野生旋花装饰庭院。这种植物的花呈喇叭形，看上去与牵牛花很像。它们缠绕在灌木篱墙上，不断向上攀爬——通常能长到3米多高。它们属于旋花科植物，与牵牛花是亲戚。

茎通过茎端的旋绕运动不断向上攀爬

支撑茎

就能向上攀爬。许多攀缘植物都生长在林地或森林里。当它们搜寻阳光的时候，那里有丰富的林木和灌木丛供它们攀爬。还有一些攀缘植物喜欢把篱笆、栅栏或建筑物当作支撑物。

## 吸收阳光

　　大多数草本植物都无法超越某个特定的高度，这是因为它们的茎只能承受一定重量的叶子。攀缘植物能利用支撑物替自己负载一些重量，因此它们不受"特定高度"的限制。它们把茎、

◀　西番莲属于藤本植物，在其叶腋处长有卷须。西番莲借助这些卷须抓住其他植物的茎，不断向上攀爬。这种生存机制使得它们即便是在热带雨林的茂密树荫里也能吸收到阳光。它们的茎不断旋转，并逐年增粗，最终形成木质的藤蔓。

叶、枝、花和不定气生根都固定在寄主上，然后朝着有阳光的地方不停地生长。由于攀缘植物不需要浪费能量来"建造"强壮的支撑茎，所以它们的生长速度比大多数植物的生长速度都快。它们把更多的能量都用来开花和结果。

　　所有植物都会对外在刺激做出反应。植物的根因为重力的影响朝下生长，叶子则因为要吸收阳光朝上生长，这种生长运动被称为向性运动。大多数攀缘植物都具有向触性（也称趋触性），也就是说它们会卷住或抓住它们所能触到或是蹭到的物体。例如，当香豌豆花（香豌豆属）的卷须触到木架子以后，卷须外侧细胞的生长速度就会比卷须里侧（与木架子相接触的那一侧）细胞的生长速度快，随着香豌豆花的不断生长，卷须就会卷绕在这个木质支撑物上。

# 螺旋茎

　　有些攀缘植物也会产生感性运动，感性运动的作用机理主要是茎尖处激素分泌不均衡。感性运动进行得非常慢，以至于我们很难用肉眼看出来，但是我们可以通过延时拍摄技术清晰地观察到这种运动。例如，猕猴桃的茎端会旋成圆圈状，它一旦触到某个支撑物后，就会盘绕着支撑物继续向上生长。对大多数攀缘植物而言，它们的螺旋茎都朝着同一个方向不断向上攀爬。长有螺旋茎的攀缘植物被称为缠绕植物。一般来说，这种植物攀得越高，就越有"力气"缠住支撑物。

　　藤本植物是缠绕植物中最大的群体之一，它们长有很长的木质藤蔓，缠绕在高大的树上。

**叶锚**

　　铁线莲的叶柄触到物体以后会发生扭转，从而形成强有力的锚位点。

叶柄

▲ 这株巴西西番莲正在向人们"炫耀"它的卷须。这些卷须非常强壮，可以支撑鸡蛋大小的果实、叶子和花朵。在夏威夷，西番莲果汁是一种非常受欢迎的饮料。

▲ 铁线莲和它们的亲缘植物都把叶柄作为攀爬时的支撑点。它们只要触到适当的支撑物就会将其缠住，然后呈螺旋状向上生长。铁线莲属于落叶植物——秋天时落叶，冬天时枝条裸露。图为一株生长在尼泊尔境内的铁线莲。

## 大开眼界

### 寻找遮阴处

干酪藤幼苗的生长方式非常奇特。大多数植物都朝着有阳光的地方生长，而干酪藤的幼苗却恰恰相反，它们朝着距自己最近并且能够遮阴的树木生长。它们一旦触到树干，就会转而朝着树干上方不断攀爬，以获取阳光。

泰山（影片《人猿泰山》中的主人公）搂着藤蔓荡过丛林的情景，使藤本植物成为热带雨林的一个标志。在哥斯达黎加的热带雨林中，一些大树的树冠被木质藤蔓"捆"在一起，看上去好像是一顶王冠，同时也使这些大树能在疾风中保持稳定。

当藤本植物进入花期时，从空中看，整个丛林就像是一个打着五颜六色补丁的大被面。艳粉色、紫色和橙色的花朵是藤本植物最好的广告，能够引来昆虫和鸟类为它们授粉。藤本植物的果实一旦成熟，它们的种子就会被风或者各种饥饿的动物（比如猴子、小鸟和蝙蝠）四处散播。在西非的热带雨林中，四分之一的木质植物都属于大型藤本植物。雨林中的大象在四处游荡时，经常会觅食藤本植物的叶子、嫩枝和果实。有些藤本植物的果实长有非常坚硬的外壳，只有大象才能弄开它们，并享用里面的果肉和种子。藤本植物种子的发芽率比较高，这应该归功于大象，它们无意间将种子播种在营养丰富的粪便中。

# 卷须

　　攀缘植物的种类不同，其攀爬方式也不同。攀缘植物用来攀爬的器官非常特殊，叫作卷须。当卷须生长的时候，感性运动使它们扭成圆圈状。卷须一旦触到某个支撑物，就会紧紧地盘绕在上面。卷须的类型有好几种，但大多数都由叶片变态而成。

　　十字蔓（紫葳属）是一种非常受欢迎的庭院观赏植物，长有橘红或黄色的管状花朵，高达15米。这种蔓生植物借助叶卷须攀绕在支撑物上。有的叶卷须由复叶中的顶生小叶形成，随着时间的推移，这些卷须逐渐变大并且木质化，吸附能力也越来越强。有的叶卷须由单叶的顶端部分形成，如帚菊；有的叶卷须由叶柄形成，如生长在喜马拉雅山脉上的铁线莲。

## 卷须

　　香豌豆花通过卷须不断向上攀爬。它们的卷须不是由叶柄形成的，而是由叶片变态而成——叶片退化成中等大小的叶脉。这种一年生植物能长到3.5米高。它们在夏季开花，花香四溢。对豌豆家族来说，其花朵都长有几片比较大的翼瓣和一个龙骨瓣。

支撑物

卷须

## 气生根

　　常春藤的茎上生有许多气生根，它们能够紧紧地吸附住树皮、粗糙的砖面，或者任何一种带有纹理的物体表面。

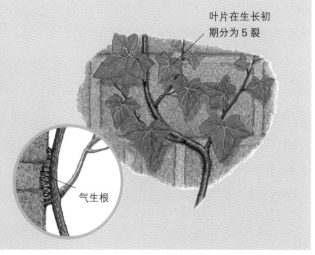

叶片在生长初期分为5裂

气生根

▲　常春藤属于常绿藤本植物。图中这棵落叶树上爬满了常春藤，看上去就像是穿了一件绿色的外衣。常春藤有两个生长阶段：生长初期，它们通过气生根紧紧抓住树皮的裂缝，不断向上攀爬；成熟期，它们不再长出气生根，转而开花、结果。

▲　爬山虎的卷须由变形根或花序形成，其末端通常长有吸盘，可以吸附在像玻璃一样光滑的物体表面上。在乡下，许多人都喜欢用爬山虎装饰房屋外墙。

## 吸根、刺和寄生

　　还有一些攀缘植物，它们的卷须直接从茎上生出，或是源自变形根和花序。例如，蛇葡萄的茎上长有分枝卷须。每个卷须都长有若干个分枝，在每个分枝的顶端都长有圆形吸盘——能够牢固地吸附在支撑物上。

　　攀缘植物的每一种器官，甚至根，几乎都能作为攀爬工具。例如，中美洲热带雨林中的干酪藤（蓬莱蕉属），它们的根从节点处（通常是叶生长的地方）长出来，并缠绕在寄主上。有的攀缘植物利用茎上的刺毛或者刺辅助攀爬。牛筋草（猪殃殃属）生有许多细小的钩状须，这能帮助它们吸附在任何一个能够触到的支撑物上。玫瑰（蔷薇属）的茎上长有很多尖刺，在这些尖刺的协助下，它们能够攀上大树。

　　攀缘植物能把水分从根部经由细小的茎输送到正在生长着的顶部，这种能力的强弱是限定攀缘植物大小的唯一因素。只有少数攀缘植物从它们的寄主那里汲取水分和养分。例如，菟丝

▲ 图为旱金莲花（旱金莲属），它们的茎很长，能够攀爬到灌木丛的"胳膊"上，或是蔓延到岩石的边缘。

▲ 如果你曾经沿着灌木篱墙采摘过黑莓，就会知道在它们的茎上和叶下都长有尖锐的刺，这可能是黑莓对食草动物采取的一种防御机制。当然，这也能帮助黑莓爬过茂密的灌木丛——当黑莓的茎在微风中摇曳时，这些刺几乎能勾住任何一个它们所能触到的物体。

子（菟丝子属）是一种寄生植物，它们缠绕在寄主上，通过一种特殊的吸收器官（吸器）汲取养分和水分。这些吸管状的附属器官能够伸进寄主的茎内，并从维管组织中汲取养分。然而，大多数攀缘植物对其寄主不会造成威胁，因为它们已经进化出格外粗大的木质部导管——能把水分运输到植物体内各个部位。

# 一年生和二年生植物

许多植物需要经过数年时间才能初次开花，但是一年生植物在不到一年的时间里，就能从一棵小苗长成花团锦簇的植株。

## 一年生植物的统治地位

在充满竞争的植物世界里，要碰到一个适合发芽和生长的地点常常是一件难事。对于那些在高大的多年生植物间或者茂密的灌木丛中发芽的秧苗，即使它们努力率先发芽，也很难摆脱因阳光不足耗竭而死的命运。但是，机会还是会出现的，一年生植物总是能够迅速地利用这个机会。

在森林和林地里，不时会有一些树木死亡或被风吹倒，这样就留出了一块允许阳光射入的空地。人造的空地通常规模更大，在用材林中就是这样。在开阔的草地上，某些动物的挖掘行为会制造出许多裸露的土地。例如，野兔在野外牧场啃草，豪猪在以色列的内盖夫沙漠中挖掘，寻找植物的根和鳞茎。人们在进行犁垦耕地、开掘沟渠和维护路壕等活动时，也会造成更多的裸露土地。在这些地点，一年生植物都能迅速占统治地位，因为没有生长缓慢的物种与它们进行激烈竞争。

◀ 中美洲的印加人发现，野生向日葵（一种开着短小的黄色花朵的一年生植物）的种子里面含有油，而且可以用它的花瓣制成一种黄色染料。于是他们开始挑选那些花朵最大、植株最高的野生向日葵进行栽培，并最终培育出了金色的巨葵。这种巨型向日葵后来被引入欧洲作为花园植物，同时也为榨取葵花油而对它们进行商业种植。

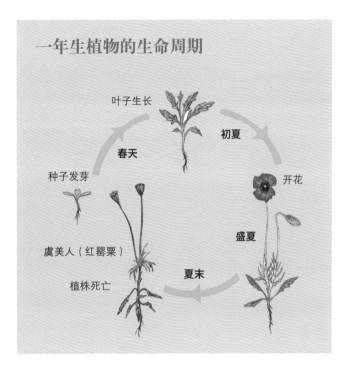

一年生植物的生命周期

叶子生长

初夏

春天

种子发芽

开花

虞美人（红罂粟）

盛夏

植株死亡

夏末

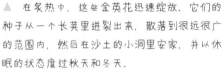

▲ 在炎热中，这些金英花迅速绽放，它们的种子从一个长荚里迸裂出来，散落到很远很广的范围内，然后在沙土的小洞里安家，并以休眠的状态度过秋天和冬天。

一年生植物没有必要生长出庞大的肉质根来储存越冬的食物，因为它们不会活那么久。它们长得也不够高大，所以不需要木质茎的支撑，坚韧的纤维茎已经足以支撑起最高大的一年生物种，如向日葵。在长出足够多的叶子进行光合作用来养活自己以后，一年生植物就将所有的能量都用在了开花结籽上。

大多数一年生植物都能生出大量的种子，尽管其中很多种子无法存活——它们落在了错误的地点或者在成熟之前就被动物吃掉了，但是那些存活下来的种子却可以在很多年里保持可发育状态（足够健康、能够发芽）。例如，田芥菜的种子能在土壤中保持休眠状态长达25年。

在温和的气候中，一年生植物在春天开始发芽，迅速生长，并在温暖的夏天开花，在夏末或秋天结籽。然后在冬天，种子就躲在土壤里休眠。在夏季更加炎热干燥的气候中，种子会在秋天发芽，并以秧苗的形式过冬，做好准备在春天继续生长，并赶在天气变得过于炎热干燥之前开花。

所有一年生植物中生长最快的是短生植物，其中一些品种能够在仅仅6个星期里，就完成发芽、生长、开花和结籽（种子成熟）的全部过程。千里光是雏菊家族的成员，它们丛生的黄

一群一年生植物在 4500 多年里一直在利用一种人造的生活环境——耕地。当我们的祖先最初清理出一块土地播种农作物时，这些生活在耕地边缘的一年生植物就发现，与它们相邻的是一个优良的新环境。它们生长得太快了，以至于在农作物收割之前它们就结籽了。这些一年生植物成了麻烦的杂草。这些植物包括蓝色的矢车菊、黄色的金盏草和红色的虞美人，它们都能在图中找到。中世纪的磨坊工人一定诅咒过美丽的粉色麦仙翁，因为一旦它们的种子落到麦田里，工人们就不得不用手把它们拣出来，因为麦仙翁的种子是有毒的，如果有人吃了用被它们污染的面粉做成的面包，就会感到肠胃不适。

色小花能够迅速铺满一块裸露的土地，像这样的短生植物能在一年中繁殖数代。一些短生植物的花很小，并且能够自花授粉，但是更多短生植物开着多彩而艳丽的头状花，能够吸引昆虫，而且极为美观。

沙漠是短生植物普通的生活环境。由于缺水，它们的生长周期会与短暂的雨季相适应。这些植物以种子的形式度过一年中的大部分时间（它们有时还会在土壤中休眠好几年，直到条件适宜它们发芽）。它们需要被雨水浸透才能开始发芽，有些种子外面包裹着一层化学物质，能够阻止发芽，直到有足量的水分渗透到它们周围的土壤里。这种方式可以防止种子在一场阵雨后就匆忙抽芽，而这场雨并不足以维持它们的整个生长历程。在一些沙漠中，如墨西哥的索诺兰沙漠，有两个雨季，这就允许短生植物开两次花。在夏季开放的花只有当温度达到 27℃时才开始发芽，而在冬天开放的花在 16℃～ 18℃时就开始发芽。尽管在沙漠中有大片空地，并且很少有来自其他植物的竞争，但是对于一年生植物，结出尽可能多的种子仍然非常重要，因为成千上万的种子将会落到错误的地点，或者被风吹走，或者被水冲走。当它们确实落在了一个好的地点时，才能以庞大的数量并排发芽。在索诺兰沙漠里一个湿润的山谷中，一平方米的面积上就有 1200 株野生印度小麦的秧苗。

## 二年生植物的生命周期

二年生植物的生命周期一般为一年生植物的二倍，如野生胡萝卜和蓟。第一年，它们的种子

◀ 二年生的洋地黄发芽时需要充足的光照，所以，森林中因一棵树倒下而产生的空隙，或者树林边缘的裸露土地，都是种子的理想降落地点。每一长穗粉紫色的花都能释放出 25 万多粒种子，所以用不了多久，裸露的地面就会被洋地黄的秧苗覆盖得严严实实。

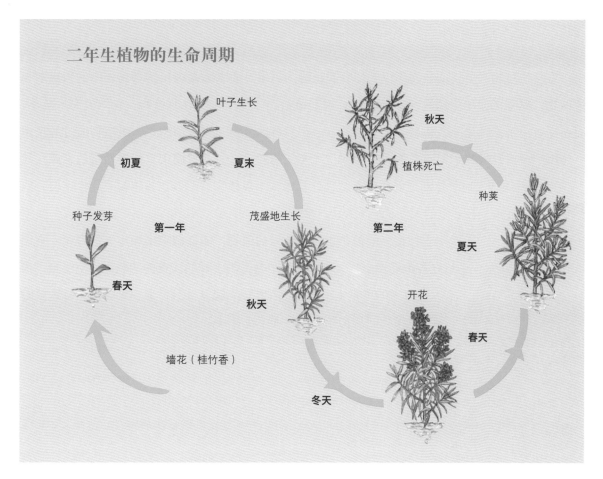

**二年生植物的生命周期**

叶子生长
初夏　　夏末
种子发芽　第一年　茂盛地生长
春天　　秋天
墙花（桂竹香）
冬天

秋天
植株死亡
种荚
夏天
开花
春天
第二年

发芽，植株生长，通常形成一个低矮的莲座型叶丛或者一小簇枝干，但并不开花。随着冬天的来临，植株进入休眠状态。接着，在第二年春天，温度再次升高时，它们开始另一轮迅猛的生长，然后开花并结出种子。至此，二年生植物才完成了一个生命周期。

# 多年生植物

在纳马夸兰（非洲西南部的一个地区）漫长而炎热的夏季行将结束之际，秋天的第一场大雨将光秃秃的土地变成了泥泞的沼泽。几个星期以后，繁花铺满大地，风景变成了由多年生植物组成的五彩缤纷的花的海洋。

多年生植物是生长期在两年以上的开花植物。树木、灌木和攀缘植物都是长命的木质多年生植物。其他的多年生植物有草类植物、鳞茎植物、球茎植物和块茎植物，它们没有木质茎，而是拥有更加纤维化或者甚至非常柔软的茎。它们可以分为两类：草本多年生植物通过躲在地下休眠，应对夏天的干旱或者冬天的严寒。当天气条件转好时，它们又重新开始生长，并在天气恶化再次转入地下休眠之前开花、结种。长绿多年生植物并不会在每年凋零死亡，但它们一般会在恶劣的天气状况下经历一段休眠期。

多年生植物一般都是生命力顽强的植物，能抵御害虫和疾病的侵袭。它们生长在各种环境中，大小和形态也是多种多样的。花的颜色也一应俱全，很多温带地区的多年生植物从早春开花到晚秋结束，而在贫瘠的热带地区的多年生植物则从初秋开花到次年晚春结束。

◀ 和很多地中海地区的植物一样，在进化中，这些卡尔杜斯蓟已经能够适应，并在漫长而炎热的夏季生存下来。银色的叶子能够大量反射阳光辐射，而坚硬、狭窄的叶片形状有利于保持水分。

## 茂密的锥形花丛

早春时节，在北美气温暖和的地区，金缘叶金光菊从肉质根上抽出很多丛生的枝条。到了仲夏，它们的顶部长满黄色的复合花。这些花有一圈黄色花瓣，中间被更细小的棕紫色花瓣（小花）组成的"圆锥"形图案环绕着。

## 大开眼界

### 舒适的休息室

紫色虎耳草遍布北极圈和很多欧洲高山的山巅之上。在这些恶劣的环境中，几乎没有能够授粉的昆虫。所以，紫色虎耳草竭尽全力展现自己。它们长着色彩艳丽的大花，这样昆虫不费吹灰之力就能找到它们。而且应该感谢它们那深深的管状花瓣，不但为昆虫们提供了一个舒适的避风场所，而且昆虫还可以在里面惬意地吸吮花蜜。

# 巨大的花朵

由于有丰富的降雨和稳定的湿度，热带地区的一些非木质多年生植物会终年不断地开花、生长。例如，附生植物生活在空气潮湿的雨林地区，它们生长在离地面很高的地方，栖息在顶层树冠的枝条和叶片上，它们在那里能沐浴温暖的阳光。兰花通过气生根吸收湿气和养分，而凤梨则从在它们叶子中心汇集而成的小水塘里获得养分。

极少有多年生植物能生活在雨林地被那微弱的光线条件下。大叶喜阴植物和寄生植物是少数的例

▲ 南非纳马夸兰的灌木丛林地原本是土褐色的，经历了几场冬雨后，林地上长出了很多植物，有橘子、紫色的紫苑，以及灰毛菊属的雏菊等，颜色因此变得斑驳陆离。

## 草莓的藤蔓

草莓是生长在美洲和欧洲高山地区的一种矮生多年生植物。它们甜味的果实上覆盖着种子，但是生长在美洲的草莓也会在它们藤蔓的尽头处，以长出小苗的方式进行繁殖。

▲ 附生植物，就像这些凤梨科植物，在宿主粗糙的树皮上比在光滑的树皮上能获得更牢固的立足点。成熟树木的枝条和上面的树干上，常常承载着数百株附生植物。

▲ 在法国，很多低矮的山坡都被用来作为冬天放牧的干草地。初夏时，黄色的山柳菊混着蓝色的风铃草，再加上粉色的和白色的欧蓍草，草地上呈现出一片耀眼的色彩。

▲ 和很多高山多年生植物一样，这种银莲花低矮地丛生在一起。它们通过须根将自己稳稳地固定在原地。整个夏天，它们都开着乳白色的杯状花朵。

▲ 这种毛蕊花属植物长着高高的枝状花穗，展开的叶片像圆形的花饰，显得很庄严。许多毛蕊花属植物都是短命的、结一次果的植物——它们通常会先生长几年，然后开花、结果，再随之死亡。

▲ 重力的作用把这株长叶虎耳草的花穗拉成了弧形，需要强调的是，这株植物生长在一个危险的悬崖壁上。长成这种角度能保证雨水不会滞留在叶子上，否则这些雨水就会在夜晚结冰。

外。在加里曼丹岛和苏门答腊岛的森林里，大花草植物从它们的宿主（寄主）那里窃取生命所需的全部养分。这些寄生植物生活在藤蔓植物里面，并长有像真菌一样的网状丝。它们将获得的所有能量都用来开花，这些巨大的花朵直径可达 80 厘米。

当这些花朵首次在藤蔓植物上出现时，它们看起来就像是红色的甘蓝。在开花的日子里，它们展开五个萼片。这些萼片环绕在花朵上一个如巨穴般的孔洞旁，而植物的生殖器官就置于这个孔穴里面。这些花朵闻起来像腐肉的味道，并吸引着苍蝇。苍蝇就像传花授粉的媒介，将它们的花粉从雄性花朵带到雌性花朵那里。

## 预防干旱

生活在干旱地区的多年生植物要应对水的匮乏。很多多年生植物在地下通过储藏水分的器官度过一年里最干旱的时节。那些留在地面上的植物都长着特殊的叶子，能帮助它们储存水分并生存下来。一些叶片非常小，里面塞满了光合作用细胞；一些叶片上覆盖着一层蜡质外衣；另外一些叶片则把自己卷成管状，减少暴露在空气中的面积。海洋薰衣草生活在沙丘上，为了适应干旱贫瘠的生长环境，它们长着银色的叶子，并通过这种方式将大量的阳光辐射反射出去。

## 高山石竹

在澳洲高山上，一簇簇细小的高山石竹隐没在嶙峋的石块中。在夏季的数月里，它们细长的叶子上覆盖着众多浅粉色的花朵，这些花上有白色的"眼睛"和紫色的斑点。

## 土下生根

把草本多年生植物下的土壤挖开，你就会看见很多不同类型的根——每一种根都能帮助植物适应各自的生长环境。

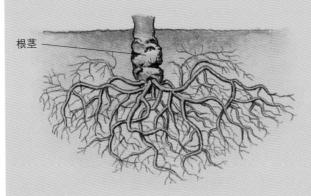

根茎

在这种瘤状根茎上生出了众多杂乱的须根——每条根都能从土壤中吸收水分和营养物质，供给植物的生长。

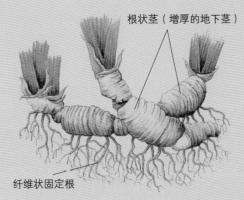

根状茎（增厚的地下茎）

纤维状固定根

在寒冷或干旱的天气里，许多多年生植物会通过鳞茎、球茎、块茎，或者根状茎贮存食物，并进入休眠状态。

叶片上的一层多毛的"外衣"，也能防止植物水分的流失，并能制造出一层环绕自己的静止空气，从而无法使风穿透进来。但并不是所有的植物都需要通过改造叶子结构来适应干旱的天气，生活在伊拉克沙漠中的苦西瓜就不用为此烦心。它们有一套深根系统，能够从深层潮湿的土壤中汲取水分。这套取水系统非常成功，以至于它还能结出像柚子那么大的浆果。这些浆果被沙漠中的动物们分享，于是，浆果中的种子就通过动物粪便散播出去。

▲ 图中这种淡紫色的拳参，属于陇牛儿苗科植物中的一种。草原上很多野草中的草本多年生植物，要么有毒，要么非常不好吃。但这种植物却是例外，吃起来很可口。

▲ 这些五萼片的花属于更大的长春花属植物（长春蔓属），这是一种多年生常绿植物，遍布在欧洲温带地区隐蔽的河岸和树林的林床上。这种植物能长到30米高，而它拖曳的茎须能盖住大约一平方米的地方。

# 高原多年生植物

　　高山和高原上的多年生植物通常生活在动物们无法到达的地方，所以它们一般靠风传播种子。革皮铁线莲生活在坦桑尼亚南部的高原上，它们弧形的茎顶上开着炫目的花朵。当花朵发育成果实时，茎就变得直挺，并将果实中长着羽毛的种子释放到风中。

　　高山植物可能无法依赖动物传播种子，但仍然需要保护自身免受那些长着灵巧蹄子的食草动物，如绵羊和山羊的啃食。在高高的新西兰山脉上，很多多年生植物进化出了一套化学防御机制来对付这种威胁。酢浆草看起来对食草动物很有吸引力，但是它们的叶和茎里都充满了一种强力毒素，那些不小心食用了这种草的动物会因为痉挛而迅速逃离。另一种新西兰高山植物紧紧蜷缩在一起，这样既能阻止食草动物，也能防止风干。这种不可口的丛生植物初生时非常干净，而且是圆形的，但是随着年龄增长，它们会变成结块的样子，而且看起来很像一只正在休息的绵羊——这正是它的俗名"菜绵羊"的来由。很多高山植物都有着这种软垫似的形状。在西藏高原，为了应付风干，蚕缀形成了低俯的垫状结构。它有长长的木质螺纹根，能深深插进坚硬的土壤中寻找水分；它的茎很短，而且紧紧蜷缩在一起，上面长着针状叶子。

**槌形樱草花**

　　在喜马拉雅山区，由樱草花的小花形成的轮生体坐落在肉质茎的顶部，它是从一团紧密的圆形丛生叶簇的中央长出来的。

▲　这种牡丹最初生长在西伯利亚和蒙古，长着大而炫目的花朵和吸引人的叶片，所以从公元前900年开始，它们就逐渐成为一种流行在大多数温带地区花园中的植物。

　　大多数植物都要在至少5℃以上的环境中才能维持活跃的生命。在北极，每年只有几周时间才能达到这个温度，因此，那里的植物必须在很短的时间里开花、结果。多数多年生植物在春天解冻后几天里就开花，并在晚夏季节释放出种子。然而，恶劣的天气和缺乏授粉昆虫使播种工作很不可靠。为了克服这种困难，很多北极植物进行营养体生殖。例如，吊兰（鞭状虎耳草）会长出好几根在地上匍匐爬行的茎（长匍茎），在这些茎伸展的同时又生出很多小苗。雏菊和蔷薇科植物中的一些成员不需要进行授粉就能无性繁殖出自己的种子，这样就避免了受精的问题。